DAZAO SHENGTAI WENMING JIANSHE
JIANGXI YANGBAN DE SHIXIAN LUJING YANJIU

2015年江西省经济社会发展重大招标课题（编号15ZD02）：
打造生态文明建设“江西样板”的实现路径研究

打造生态文明建设『江西样板』的实现路径研究

DAZAO SHENGTAI WENMING JIANSHE JIANGXI YANGBAN DE SHIXIAN LUJING YANJIU

邹晓明等 著

中国财经出版传媒集团

经济科学出版社
Economic Science Press

图书在版编目（CIP）数据

打造生态文明建设“江西样板”的实现路径研究/邹晓明等著.—北京：经济科学出版社，2016.12

ISBN 978-7-5141-7605-6

Ⅰ.①打…　Ⅱ.①邹…　Ⅲ.①生态环境建设-研究-江西　Ⅳ.①X321.256

中国版本图书馆CIP数据核字（2016）第307439号

责任编辑：李　雪　李　建
责任校对：王肖楠
责任印制：邱　天

打造生态文明建设“江西样板”的实现路径研究

邹晓明　等著

经济科学出版社出版、发行　新华书店经销

社址：北京市海淀区阜成路甲28号　邮编：100142

总编部电话：010-88191217　发行部电话：010-88191522

网址：www.esp.com.cn

电子邮件：esp@esp.com.cn

天猫网店：经济科学出版社旗舰店

网址：http://jjkxcbs.tmall.com

北京季蜂印刷有限公司印装

710×1000　16开　17印张　210000字

2016年12月第1版　2016年12月第1次印刷

ISBN 978-7-5141-7605-6　定价：58.00元

（图书出现印装问题，本社负责调换。电话：010-88191510）

江西省高校人文社会科学重点研究基地“东华理工大学地质资源经济与管理研究中心”

江西省哲学社会科学重点研究基地“东华理工大学资源与环境经济研究中心”

江西省软科学研究培育基地“资源与环境战略软科学研究培育基地”

江西省“工商管理”省级重点学科

东华理工大学科技创新团队“核资源与环境经济研究”

联合资助

本书编写组

组　长： 邹晓明

成　员：

郑　鹏	赵　玉	邹　静	丁宝根	
张丽颖	李　争	高　明	马　杰	
周永祥	顾艳艳	周　明	熊国保	
徐　鸿	朱　青			

前　言

2014年11月，国家六部委批复《江西省生态文明先行示范区建设实施方案》，江西省成为首批全境列入生态文明先行示范区建设的省份之一。江西省委十三届七次、八次、九次全会，以及省委省政府出台的《关于建设生态文明先行示范区的实施意见》和江西省第十二届人民代表大会第四次会议通过《关于大力推进生态文明先行示范区建设的决议》，进一步对我省生态文明建设体制机制改革作出了明确要求和具体部署。2015年3月，习近平总书记参加江西代表团审议时指出，江西要着力推进生态环境保护，走一条经济发展与生态文明相辅相成、相得益彰的路子，巩固和提升江西生态优势，打造生态文明建设的“江西样板”。2016年8月，中共中央办公厅、国务院办公厅印发了《关于设立统一规范的国家生态文明试验区的意见》进一步将江西省列为全国三个首批国家生态文明试验区省份之一。在此背景下，省委省政府高位推动，江西省的生态文明先行示范区建设基本实现“一年开好局，三年见成效”的预期目标，生态文明理念深入人心、制度创新力度进一步加大、绿色产业加快发展、重大生态工程扎实推进，初步探索出了一条经济发展与生态环境相协调的发展新路。

本书旨在科学发展观指导下，贯彻落实党的十八大、十八届三中、四中、五中、六中全会的有关生态文明建设的精神，践行习近平总书记对江西工作新的希望和“三个着力、四个坚持”的总体要求，深入贯彻创新、协调、开放、绿色、共享五大发展理念，立足于生态文明建设的基本理论、国内外的实践探索以及江西省的省情，旨在归纳和总结江西开展生态文明建设实践的主要经验和存在的问题，并在此基础上进一步探索打造“江西样板”的整体实现路径，最后提出相应的支撑和保障措施，具有重大的理论意义和实践价值。

本书主要研究了五个方面的内容：一是梳理生态文明建设的理论及国内外的实践探索与启示；二是系统分析打造“江西样板”的基础条件和现实挑战；三是归纳和总结打造“江西样板”实践过程中的主要经验和存在的突出问题；四是系统研究打造“江西样板”的实现路径，从“江西样板”的内涵与本质、目标定位、指导思想出发，从巩固提升生态优势、构建绿色产业体系、打造绿色生态家园、创新体制机制和培育生态文化等五个角度提出了打造“江西样板”的实现路径；五是提出了打造“江西样板”的支撑和保障措施。

本书的主要观点及对策建议如下：

本书认为，打造生态文明建设的“江西样板”首先需要了解生态文明建设的理论和国内外实践探索。通过对国内外生态文明建设的实践探索总结，研究发现：建立完备的生态环境保护法律体系、依托生态优势发展绿色产业、提高社会环保意识、建立和完善生态文明政绩考核和责任追究制度、启动自然资源资产产权制度建设和资产负债表编制工作、建立生态补偿机制和红线管控机制、完善资源有偿使用和环境治理的市场化机制等是生态文明建设的主要抓手和途径。

本书认为，打造生态文明建设的“江西样板”必须把握江西省的省情和面临的环境。江西省的生态文明建设在国土空间开发格局、产业结构调整、资源环境主要约束指标、生态文化建设以及生态文明制度建设等方面取得了成效；打造生态文明建设的“江西样板”必须清晰认识到面临的发展机遇和前所未有的考验，也必须处理好经济发展与生态保护、市场机制与政府调控、重点突破和整体推进等几对关系。

本书认为，打造生态文明建设的“江西样板”必须立足于江西省生态文明建设的经验总结和问题剖析。成功的经验表现在：始终坚持构建绿色产业体系的内生增长导向，始终坚持塑造地方生态品牌的因地制宜路径，始终坚持增加社会生态福祉的和谐共生要义，始终坚持提高民众生态素养的文化建设，始终坚持挖掘体制机制红利的制度创新动力。存在的问题主要有：新常态下工业发展速度放缓；缺乏充足的资金和智力支持；环境综合治理能力有待提升；生态环境保护形势依然严峻；人民群众参与度较低；制度体系有待进一步完善。

本书认为，打造生态文明建设的“江西样板”必须深刻领会“江西样板”的内涵本质、目标定位和指导思想，从巩固提升生态优势、构建绿色产业体系、打造绿色家园、创新体制机制和培育生态文化五个角度综合施策，整体推进。巩固和提升生态优势就是：做好生态环境防护，生态污染治理，生态工程建设、生态资源利用等工作，也就是要做好“防、治、建、用”的工作。构建绿色产业体系应该：在工业方面，培育壮大战略性新兴产业，加快信息化与工业化的深度融合，加快制造业转型升级，淘汰落后产能和缓解过剩产能；在农业方面，建设现代化的生态农业示范园区，培育绿色农产品品牌；在服务业方面，打造“健康+”产业，发展生产和生活融合性服务业，发展“生态+”旅游业。打造绿色家园应该把推进新型城镇化、新型农村社区建设和城乡协调发展作为突破口，以规划为龙头、统筹为手段、项目为支撑，把握方向，坚持科学布局，加强工作部署，探索江西省新型城镇化与新型农村建设协调发展之路。创新体制机制着重探索：落实和完善主体功能区制度、完善体现生态文明要求的考核评价体系、加快建立和完善全方位的生态补偿机制、创新河湖管理与保护的体制机制、建立健全自然资源资产产权制度和用途管制制度、建立健全市场化机制、完善生态环境监测预警机制和环境保护制度、健全试点工作机制等。培育生态文化应该：加强生态文明宣传教育，建立生态文化推广体系；推行生态生活方式，倡导生态文明行为；建设生态文化载体，培育特色生态文化；鼓励公众积极参与，完善公众参与制度；发挥行业协会作用，提升世界低碳大会影响力等。

本书认为，打造生态文明建设的“江西样板”离不开必要的支撑和保障。一是强化组织领导和组织协调，为打造“江西样板”形成合力；二是加大各项政策支持力度，为打造“江西样板”增添动力；三是广泛宣传动员，为打造“江西样板”构筑氛围；四是严格督查考核，为打造“江西样板”落实责任。

本书是江西省经济社会发展重大招标项目的研究成果，由课题组成员共同完成。由于作者学术水平有限，本书难免存在一些缺陷和不足，敬请读者批评指正。

邹晓明

2016年12月

目　录

第一章

绪　　论

一、研究的背景、意义与目标

（一）研究的背景

1. 党的十八大以来国家对生态文明建设做出新的战略部署和提出了更高要求

建设生态文明，是关系人民福祉、关乎民族未来的长远大计。党的十八大将生态文明建设纳入社会主义现代化建设“五位一体”总体布局，要求把生态文明建设放在突出地位，融入经济建设、政治建设、文化建设、社会建设各方面和全过程，努力建设美丽中国，实现中华民族永续发展。

党的十八届三中全会要求紧紧围绕建设美丽中国，深化生态文明体制机制改革，加快建立生态文明制度，健全国土空间开发、资源节约利用、生态环境保护的体制机制，推动形成人与自然和谐发展现代化建设新格局。

2013 年 12 月 2 日，国家发改委、财政部、国土资源部等六部委为了贯彻落实党的十八大和十八届三中全会关于加快推进生态文明建设的精神，联合下发了《关于印发国家生态文明先行示范区建设方案（试行）的通知》（发改环资［2013］2420 号），分别从充分认识开展国家生态文明先行示范区建设的重要意义、总体要求和主要目标、主要任务、组织实施和目标体系五个方面对国家生态文明先行示范区建设进行了部署。

2014 年 4 月 30 日国务院批准了国家发展改革委《关于 2014 年深化经济体制改革重点任务意见》（国发［2014］18 号），再次强调了要加快制定实施生态文明建设目标体系，健全评价考核体系，为生态文明建设提供制度保障。

2. 江西历届省委省政府高度重视生态文明建设

江西地处我国承东启西、沟通南北的战略位置，山清水秀、生态优良，是我国南方丘陵山地生态屏障、长江中下游和珠江流域水生态安全重要保障区，在全国生态安全格局中占有极其重要的地位。历届省委、省政府高度重视生态建设、环境保护、经济发展统筹协调，高位推进“生态立省、绿色崛起”发展战略。改革开放以来，江西始终认真贯彻立足生态，着眼经济，科学开发，综合治理的方针。20 世纪 80 年代起，江西实施了“山江湖”工程，提出抓生态建设就是抓经济建设，将“治湖、治山与治穷”相结合。90 年代，省委省政府提出了要“画好山水画，写好田园诗”。21 世纪初，进一步提出了“既要金山银山，更要绿水青山”，强调经济建设不能以牺牲生态环境为代价。2009 年 12 月，国务院批复《鄱阳湖生态经济区规划》，成为全国第一个以生态为特色的地方区域规划。2011 年，省第十三次党代会提出了建设“富裕和谐秀美江西”

奋斗目标。特别是党的十八大以后，新一届省委省政府按照“五位一体”总布局要求，提出了“发展升级、小康提速、绿色崛起、实干兴赣”的战略方针，努力探索一条既建设好、保护好江西的青山绿水，又促进江西经济社会可持续发展的新路子，努力建设富裕和谐秀美江西，积极为建设全国生态文明先行示范区积累经验、提供示范。

3. 江西省开展国家生态文明先行示范区建设必须探索契合江西省情的实现路径

当前江西省正处于加速发展的爬坡期、全面小康的攻坚期、生态建设的提升期，2014 年底国家正式批复的《江西省生态文明先行示范区建设实施方案》均把“调整优化产业结构、推行绿色循环低碳生产方式、加大生态建设和环境保护力度、加强生态文化建设”作为江西省重大决策部署的方向。在此背景下，结合江西特色，深入打造生态文明建设江西样板研究，着重探索水资源生态文明、林业生态文明和乡村生态文明三个方面的实现路径，对推进生态文明建设体制机制创新，贯彻落实“发展升级、小康提速、绿色崛起、实干兴赣”战略方针具有重要现实意义，打造全国生态文明先行示范区的典范，对全国其他各省建设生态文明具有较强的指导意义。

4. 开展国家生态文明先行示范区建设亟须创新生态文明建设江西样板的体制机制

江西省开展国家生态文明先行示范区建设是一项系统工程和未来工程，着眼当代，利泽千秋。在生态文明建设全国大背景下，生态文明建设的江西样板的路径探索，具有探索性和先行先试的特征，在探索的过程中势必要破除现有的体制机制的束缚，是在组织协调、制度保障、政策配套、产业支撑等方面需要创新体制机制。

（二）研究意义和价值

1. 理论意义和价值

生态文明建设是推进中国特色社会主义事业的创新性、试验性伟大探索，已有的理论尚不成熟，有待进行新探索。本研究本着“五位一体”总体布局的指导思想，探讨科学理论基础、借鉴国内外经验，深入研究和探索生态文明建设江西样板的实现路径，对于丰富和完善可持续发展理论、环境经济学、生态经济学等理论具有一定的学术价值。

2. 现实意义和价值

当前我省正处于加速发展的爬坡期，全面小康的攻坚期，生态建设的提升期，深入开展生态文明先行示范区江西样本的实现路径，并选取典型样本进行实证分析，对于推进我省生态文明建设体制机制创新，贯彻落实“发展升级、小康提速、绿色崛起、实干兴赣”战略方针具有重要现实参考意义。此外，本研究针对生态文明建设的江西样板所提出的政策制度、措施建议，对于推进其他相类似地区的生态文明建设也有一定的借鉴意义。

（三）研究的目标

本书旨在系统梳理国内外相关研究进展的基础上，立足于生态文明建设的基本理论、国内外的实践探索以及江西省的省情，通过在归纳和总结江西开展生态文明建设实践的主要经验和存在的问题，并在此基础上进一步探索打造“江西样板”的整体实现路径，最后提出相应的支撑和保障措施。

二、生态文明建设的国内外研究动态

按照党的十八大提出的“五位一体”总体布局要求开展研究的文献还较少，尚处于起步阶段，相关研究主要集中在以下几方面。

（一）生态文明内涵的演变历程

随着20世纪下半叶工业文明前所未有的发展，资源、环境等问题起来越严峻，人们开始反思工业文明的发展道路，提出了可持续发展的思想和战略。中国在此基础上，率先提出了生态文明理念和生态文明建设的战略任务。

生态文明的提出有一个渐进的过程，1962年，在《寂静的春天》一书中，美国生物学家蕾切尔·卡逊描述了大量使用杀虫剂对人与环境带来的危害，敲响了工业社会环境危机的警钟，开始反思工业文明对自然资源和环境带来的危害。1972年，联合国人类环境会议通过了《人类环境宣言》，强调了人类对环境的权利和义务。1987年，联合国世界环境与发展委员会在其长篇报告《我们共同的未来》中，正式提出了“可持续发展”这一概念，不再就环境谈环境，而是从发展的大背景下来考察资源环境。2002年8月，约翰内斯堡可持续发展世界首脑会议通过了《可持续发展执行计划》，确认经济发展、社会进步与环境是可持续发展的三大支柱。标志着人类开始重视经济社会与环境的可持续发展，重视经济增长和社会进步的协调发展。

中国在改革开放三十多年来的工业化发展道路上，粗放型的发展模式不可避免的导致了资源短缺、环境恶化的生态环境问题和社会矛盾，中国共产党在可持续发展的思路上，创新性的发展出了生态文明建设的新理念和新任务。

自新中国成立以来，我党就一直在关注人与环境的问题并不断深入认识，开拓创新，开辟新的道路。毛泽东依据当时的国情，把“有计划的控制人口增长”上升为国家的国策，还提出了保护和改善自然环境的思想。邓小平认为，由于中国人口基数大，实际上是资源小国，人均资源少，资源相对短缺，情况严峻。邓小平提出“经济增长与生态平衡”的生态思想，注重经济与环境的协调发展，提出要因地制宜发展经济，并且将环境保护确立为我国的基本国策。江泽民同志强调环境保护工作是实现经济社会可持续发展的基础。党的十四届五中全会把“可持续发展”写入党的正式文件中。以胡锦涛同志为核心的党中央，对生态、生态文明、生态文明在建设中国特色社会主义的道路中的作用做了重要论述。2003 年提出“建设山川秀美的生态文明社会”，2007 年党的十七大报告首次提出生态文明的执政理念，“生态文明”被正式写入党代会报告。党的十七大召开以后，胡锦涛指出“全面推进经济建设、政治建设、文化建设、社会建设，积极推进生态文明建设”，第一次提出了“五位一体”的总体格局。胡锦涛提出以“尊重自然、认识自然”为出发点，构建“资源节约型和环境友好型社会”，探索了生态文明建设理论。习近平系统论述了生态文明建设的重大意义、指导思想、方针原则和目标任务，深刻阐述了人与自然对立统一的关系，回答了什么是生态文明、怎样建设生态文明的一系列重大理论和实践问题。2013 年 9 月，习近平指出建设生态文明是关系人民福祉、关系民族未来的大计。2015 年 3 月，习近平在参加党的十二届全国人大三次会议江西代表团审议时指出，环境就是民生，青山就是美丽，蓝天也要幸福。要像保护眼睛一样保护生态环境，像对待生命一样对待生态环境，把不损害生态环境作为发展的底线。2015 年 4 月，习近平主持召开中央政治局会议，审议通过《关于加快推进生态文明建设的意见》，首次提出协同推进新型工业化、城镇化、信息化、农业现代化和绿色化，号召全党上下把生态文明建设作为一项重要的政治任务，努力开创社会主义生态文明新时代。

（二）新时期生态文明的独特意蕴

要厘清生态文明建设江西样板的实现路径，首先必须对生态文明建设的科学内涵进行准确把握。从已有文献来看，学者们从两个不同维度对生态文明的科学内涵进行了揭示，第一个维度是从纵向的人类文明发展史出发来解释生态文明，认为生态文明是与原始文明、农业文明和工业文明前后相继的社会文明形态，是人类为实现可持续发展必然要求的进步状态（申曙光，1994；李祖扬，邢子政，1999；李校利，2008；徐春，2010）。第二个维度则是从横向的当代社会文明系统出发进行解释，将生态文明定义为一种社会形态内部某个重要领域的文明，是人类在处理与自然关系时所达到的文明程度在体系上与物质文明、精神文明和政治文明相对应的文明（张建宇，2007；蔡守秋，2008；王一文，2014；郑少华，2014）。建设生态文明，是关系人民福祉、关乎民族未来的长远大计，必须树立尊重自然、顺应自然、保护自然的生态文明理念，把生态文明建设放在突出地位，融入经济建设、政治建设、文化建设、社会建设各方面和全过程，努力建设美丽中国，实现中华民族永续发展（胡锦涛，2012）。生态文明建设实践意义主要体现在有助于缓解中国日益严重的资源环境问题（束洪福，2008；周生贤，2009；容开明，2011），有利于推进机制体制创新（陈洪波，2012；唐卫东，

2012；潘凤钗，2013；李峰，2013），有助于巩固中国共产党的执政地位，提升执政能力和执政水平（张首先，2009；祝福恩，2011）；按照坚持节约优先、保护优先、自然恢复为主的方针，着力推进绿色发展、循环发展、低碳发展，形成节约资源和保护环境的空间格局、产业结构、生产方式、生活方式，从源头上扭转生态环境恶化趋势，为人民创造良好生产生活环境，为全球生态安全做出贡献（胡锦涛，2012）。

（三）关于生态文明建设评价的理论与实证研究

构建生态文明评价指标体系的原则应根据全面性、区域性、系统性、可操作性、可持续性、定性指标与定量指标相结合和创新性原则（张绪良，孙秋生，2010；慕蓬等，2008；仲辉等，2009；孔雷等，2013）。吴明哄（2012）提出各指标的设立要以具有显示度的20项指标为宜，并应该反映政府的政策承诺，具有导向性。张欢（2013）认为，各级指标体系要能综合反映以资源环境承载力为基础，实现资源、环境、经济和社会和谐发展的生态文明，要能反映到政府各个部门的职责，能够通过直接的措施影响生态文明建设，各个指标有一个合理的目标状态，且均为国家公布的相关数据。刘子飞、张体伟（2013）认为生态文明建设能力评价指标设计还需遵循动态性原则，即体现指标体系未来的适用性。要以体制机制创新激发内生动力，提高发展质量和效益，坚持发展中保护、保护中发展的基本原则［《国家生态文明先行示范区建设方案（试行）的通知》，2013］。

关于如何构建生态文明建设评价指标体系，国际上没有现成可借鉴的经验，与之相关的研究可追溯到可持续发展指标体系，1996年联合国可持续发展委员会与联合国政策协调和可持续发展部联合其他有关机构提出的可持续发展核心指标框架——联合国 CSD 可持续发展指标体系，体系中包括驱使力指标（造成发展不可持续的人类活动和消费模式或经济系统的一些因素）、状态指标（可持续发展过程中的各系统的状态）、响应指标（人类为促进可持续发展进程所采取的对策）。UNCSD（联合国可持续发展委员会）根据驱动力—状态—响应（DSR）模型，从经济、社会、环境和制度四个方面构建了 25 个子系统 142 项指标的体系，侧重环境压力和环境保护方面。

相比较而言，国内关于这方面的研究要更为全面系统，（严耕等，2009；黄贤金等，2010；何天祥等，2011；侯鹰等，2012）分别从省域、区域、城市等视角提出了多套生态文明建设评价指标体系。中科院可持续发展战略研究组（2012）将可持续发展视为具有相互内在联系的五大子系统所构成的复杂巨系统的正向演化轨迹，将指标体系分为总体层、系统层、状态层、变量层和要素层 5 个等级，共有 234 个基层指标。北京林业大学生态文明研究中心（2010）提出生态文明指数 ECI。杨开忠（2009）利用一个指标 EEI 来衡量 GDP 与生态足迹的比值。严耕（2009）从生态活力、环境质量、社会发展和协调程度四个方面构建了 22 项指标。汪毅霖、蒋北（2009）以 EHDI 指数代替 HDI 指数，从经济发展方式、循环经济规模、生态环境质量来衡量 EHDI。蒋小平（2008）监理自然生态环境、经济发展、社会进步 3 个方面 20 个指标。高珊、黄贤金（2010）构建的指标体系包括增长方式、产业结构、消费模式和生态治理四个层次 12 个指标，从省内和省际两个角度进行分析。易杏花等（2013）通过对现有文献的梳理，对生态文明建设评价指标体系中各指标选取的频率进行了分析，并将出现频率最高的 30 个指标进行了说明。《国家生态文明先行示范区建设方案（试行）的通知》（2013）建立了国家生态文明先行示范区建设的一套目标体系，分别从经济发展质量、资源能源节约利用、生态建设与保护、生态文化培育、体制机制建设五个方面构建了共51个指标。

指标体系研究中的通常做法是对各个指标要进行无量纲化，使指标之间具有可比性。常用的方法有标准化处理、极值处理、线性比例法、归一化处理（严耕等，2013；张欢，2013；刘子飞，张体伟，2013），然后通过层次分析法、评价区间统计法、灰色决策法、主成分分析法确定指标权重（魏晓双，2013；李献士等，2014）。杜宇（2009）从数量经济学的角度对我国生态文明建设评价指标体系进行研究，时间序列采用目标值标准化方法，地区序列采用功效函数标准化方法。刘薇（2014）针对三级指标间相互关联、交叉的问题，通过建立指标的相关矩阵，将重叠部分转化为指标影响权重，修正权重，消除重复计算。

张欢、成金华（2013）通过对2010年湖北省及13个地市（州）生态文明水平状态的评价，指出湖北省及各地级市生态文明建设的对策措施，评价结果认为湖北省资源条件优越、生态环境健康和经济效率较高这三个指标要高于全国平均水平，但社会稳定发展却低于全国平均水平。浙江省统计局课题组（2013）构建了由生态经济、生态环境、生态文化、生态制度四大领域37项评价指标体系，对浙江省2011年生态文明建设进行评价，评价结论认为浙江省2011年生态文明建设进展平稳，生态经济、生态环境、生态文化三大领域比2010年均有较明显的提高，生态制度领域则有较大程度的降低。魏晓双（2013）对我国31个省域生态文明建设从生态质量、经济和谐、社会发展等三个领域分别进行了评价分析，认为不同省域、不同主体功能区之间的差异较大。

（四）关于生态文明建设路径的研究

大部分学者在生态文明建设的理论与实践集中提出以下几个途

径：树立生态文明观、发展生态科技、保护环境资源、完善法律法规等。黄国勤（2009）从理念、措施以及政策层面提出了树立生态文明理念、转变经济发展方式、大力发展循环经济、积极发展生态产业、切实保护生态环境、综合治理生态环境、努力建设生态环境、实行清洁生产、开放生物质能、开放新型资源、完善相关法律法规等生态文明建设的路径。张忠伦（2005）则更多地从保障角度提出了物质保障、制度保障、观念保障、环境保障、科技保障等生态文明建设的五大路径。吴凤章（2008）则以厦门为例探索了生态文明建设的路径：树立生态城市建设理念；构建生态城市治理结构；调整产业结构发展生态经济；推行资源集约化利用；自觉进行生态修复；开展区域综合整治；推动公众参与等途径。张剑（2009）认为我国社会主义生态文明建设的基本内容至少包含以下几个方面：第一是加强教育、宣传与立法，提高全民的生态意识；第二是防治环境污染，促进生态优化；第三是狠抓食品安全与饮用水，切实改善民生；第四是使人口、资源、环境与经济社会协调发展；第五是加强生态文明建设的规划、管理与实施。

此外，还有学者从法学、经济学、政治学等角度分析我国生态文明建设的路径、方式与方法、基本内容等。如刘爱军（2006）从环境立法的角度切入生态文明建设中的环境法治问题，认为应该在环境民主与环境公平的基础上进行环境立法，以健全、良好的环境法治体现生态文明理念、实现生态文明建设。

（五）文献评述

国内外相关研究无论是从理论、实证，还是方法，都为本书的进一步研究提供了良好的研究基础和广阔的研究视角，但通过对这些研究文献的梳理，我们可以发现，国外关于这一问题的研究主要是基于可持续发展理论视角进行的相关研究，而国内的相关研究要更为全面和系统。但更多的学理层面的探讨，是基于共性问题的框架性研究，由于将生态文明建设纳入中国特色社会主义事业“五位一体”总体战略布局是党的十八大提出来的，开展“国家生态文明先行示范区建设”是为了贯彻落实党的十八大和十八届三中全会精神，在《国家生态文明先行示范区建设方案（试行）的通知》（发改环资［2013］2420号）中才明确提出，并从总体要求、主要任务和目标体系等五个方面进行了规范和指导，因此，基于新要求的国家生态文明先行示范区建设的路径研究才刚刚起步，江西省也尚在探索，有针对性的、深入系统的研究尚未真正展开。

因而，按照“内涵理论—经验借鉴—基础条件—实现路径—政策支持”的理论分析框架，对于如何落实国家要求，突出地方特色，体现试点示范，明确江西省国家生态文明先行示范区建设目标定位缺乏系统探索；对如何借鉴纳入国家试点的兄弟省市进行建设经验的比较与借鉴缺乏系统梳理；对如何结合江西实际明确建设路径缺乏整体设计；对如何将建设路径落到实处、起到实效缺乏深入研究；对如何在以上研究的基础上提出创新江西国家生态文明先行示范区建设体制机制还需进一步探究等问题都有待深入研究。

三、研究的主要内容、技术路线与研究方法

（一）研究的主要内容

（1）系统梳理和总结生态文明建设的基本理论、政策架构以及

国内外生态文明建设的实践探索，为后续研究提供理论支撑和方向指引。

（2）从省域层面系统考察把握江西省开展生态文明建设的基本省情和面临的环境，尤其归纳和总结已经取得的主要成就和面临的突出问题，从而为后续内容的展开提供事实依据。

（3）全面考察江西省生态文明建设的实践经验总结和存在问题，从而为江西的绿色发展、生态发展寻找突破点和关键点。

（4）系统界定和明确生态文明建设“江西样板”的内涵本质、目标定位和指导思想，从而从宏观层面把握江西生态文明建设“江西样板”的打造路径提供整体框架。

（5）从巩固提升生态优势、构建绿色产业体系、打造绿色家园、创新体制机制和培育生态文化五个角度全面提出打造生态文明建设的“江西样板”的具体实施路径。

（6）全面构筑打造生态文明建设的“江西样板”主要支撑和保障体系。

（二）技术路线

以生态文明建设的科学内涵作为分析的逻辑起点，从哲学、经济、生态、环境等多个学科层面系统梳理生态文明思想的历史演进轨迹，深入揭示现代生态文明建设的理论渊源和对传统工业文明带来的生态环境危机的深刻反思的基础上，通过梳理典型国家或地区生态文明建设的模式，总结其经验与教训，打造一个发挥江西省自然资源丰富、生态文化底蕴深厚、绿色产业基础较好，能推进科学发展的可复制样板；综合运用区域经济、产业经济、生态经济等学科理论工具、方法，分析江西生态文明建设的发展现状；论证打造生态文明建设江西样板的可行性，研究打造江西样板的主要目标、基本路径和政策体系，为打造生态文明建设江西样板提供理论支撑、实践参考和政策建议。主要逻辑框架图见图1-1。

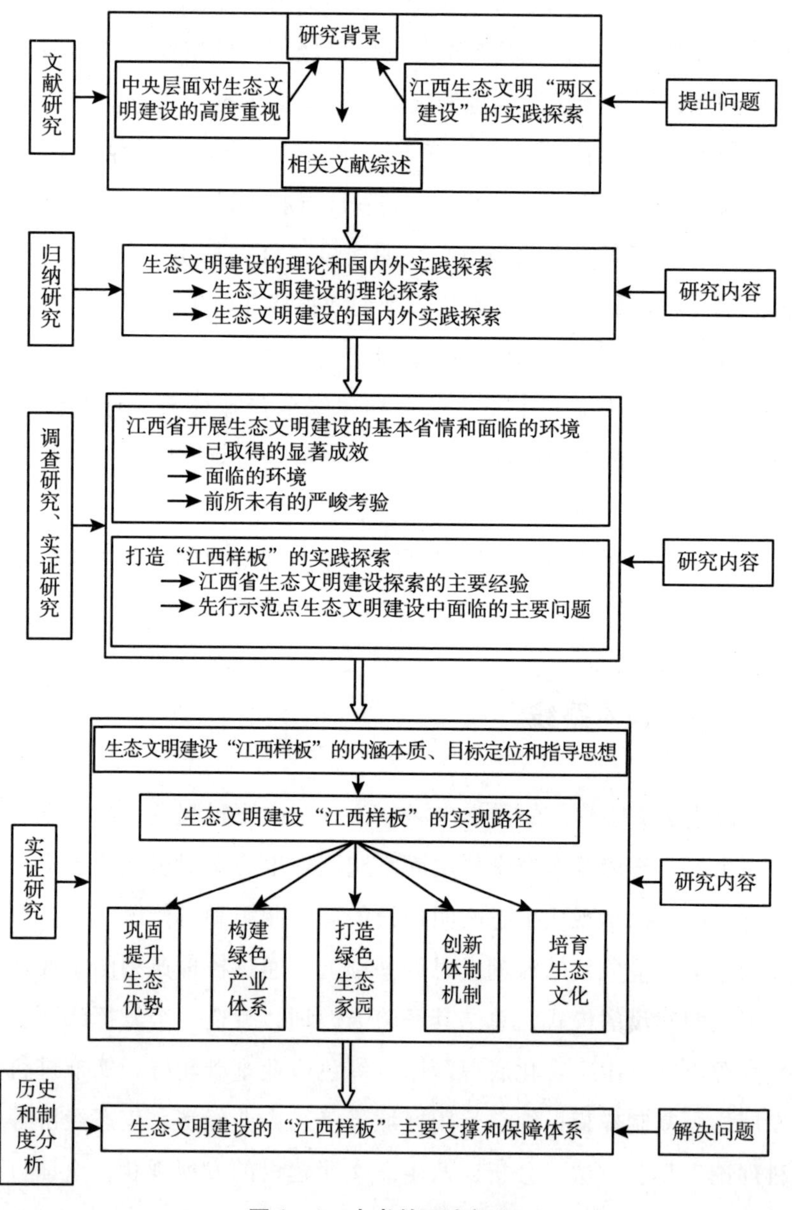

图1-1 本书的研究框架

（三）主要研究方法

根据本书的研究内容与研究思路，拟以环境经济学、生态经济学、区域经济学、统计学为基础，归纳与演绎相统一的定性分析、案例分析、数理分析、统计分析等相结合的分析方法作为主导研究方法。

（1）在理论研究上，主要采用归纳与演绎相统一的定性分析方法，揭示生态文明建设的内涵和打造生态文明建设江西样板的要求，构建打造生态文明建设江西样板的概念框架。

（2）在问题研究上，采用数理研究方法，采用层次分析、因子分析等方法将众多相互关联的初始指标转化成少数几个彼此不太相关、起决定作用的公因子构建评价体系，定量分析制约打造生态文明建设江西样板的主要因素。

（3）在对策研究上，充分借鉴国内外先进的经验做法，尤其是如何体现省情实际和地方特色的经验做法；对生态文明建设的样板模式进行修正和完善，在此基础上提出打造生态文明建设江西样板的建议措施。

四、研究重点和难点

（一）研究重点

本书拟突破的重点有三个方面：

（1）厘清生态文明建设支持区域发展的机制。生态文明的概念尚未界定清晰，生态文明建设在实际实施过程中仍存在诸如绩效评价、考核以及挤占经济增长空间等问题，现有文献对生态文明建设如何支持区域发展尚未形成共识。

（2）分析打造生态文明建设样板的实践经验。国内生态文明建设实践落后，生态文明建设实践多以调整产业结构为主。本书将着重分析发达国家在生态文明建设方面的创新，剖析发达国家如何运用市场和税收手段建设生态文明并支持区域发展。

（3）根据定性和定量的研究结果，提炼出打造生态文明建设江西样板的可行路径，并设计相应的制度保障。

（二）研究难点

本书的难点有两个方面：

（1）生态文明属于多学科交叉的复合概念。生态文明建设的理论尚不完善，没有形成完整的概念框架。本书拟在回顾国内外相关定义和理论的基础上构建一套较完整的概念框架，以便分析和检验生态文明对区域发展的作用机制。

（2）无论是人类的经济活动还是环境行为都具有明显的外部性。传统的计量模型中没有考虑到外部性的空间外溢效应。忽视这种外部性会导致模型的偏差。本书拟在实证过程中构建空间计量模型将生态文明建设作用于区域发展的外部性内生化。

五、研究创新与局限

（一）研究的创新性

本书的创新和特色主要表现在三个方面：

（1）在概念框架上，本书将生态文明建设与区域发展较好地融合在一起。生态文明既体现了生态的自然属性又体现了文明的社会属性。因此无论在构建概念框架还是指标体系时本课题都兼顾了生态环境与区域发展两个方面。在提出打造江西样板的可行路径时，将生态文明建设与经济、政治、文化和社会发展有机结合在一起。

（2）在研究方法上，本书筛选生态文明建设评价指标时综合运用层次分析法、专家打分法等确定各项评价指标的权重，在此基础上构建了生态文明建设江西样板的评价指标体系。另外，在回归分析时采用空间计量方法将经济活动和环境行为的外部性内生化。

（3）在对策建议上，结合国内外生态文明建设的经验教训及江西省的实践，从多个维度提出打造江西样板的可行路径，从顶层设计、组织架构等方面提出制度保障。这使得对策建议既具有较强的可操作性又具有较好的可复制性。

（二）研究的局限性

由于受数据资料的局限和能力所限，本书还存在以下几个方面的不足：

（1）研究内容和方法的局限。有关生态文明建设实现路径的研究，在资源与环境经济学领域还是一个新兴领域，聚焦于生态文明建设的“江西样板”更是一项新的尝试。局限于数据的获取，后续的研究可以选择其他的分析框架和选择更加成熟的研究方法开展研究。

（2）研究视角的局限。本研究较多的是从江西省整个省的情况开展的研究，未来研究可以考虑从更多的江西各地级市数据入手，尤其是可以加入比较“示范县”和“非示范县”的差异性，以及相应的政策调控取向。

第二章

生态文明建设的国内外实践与启示

18 世纪中后期到 20 世纪中期，伴随着欧美工业化和城市化飞速发展的步伐，环境问题日益凸显，地球环境恶化和资源的过度使用已直接影响人类的生存和可持续发展，成为现代工业文明发展的一大障碍。而生态文明建设，是发达国家对传统工业发展模式及其影响的不断反思。20 世纪中期以来，欧美国家开始从制度、法律、意识形态、科学技术等多方面制定相关政策和措施，发展相关技术促进生态环境和经济的和谐发展。日韩在经历了经济发展优先的增长模式后也意识到经济发展不能以牺牲环境作为代价，将环境保护上升到国家战略。经过了半个世纪的发展，欧美、日韩等国在生态文明建设上已取得举世瞩目的成就，形成了许多切实可行的宝贵经验。

在党的十八大会议上，生态文明建设与经济建设、政治建设、文化建设、社会建设一道纳入中国特色社会主义事业总体布局。党的十八届三中、四中全会着力推进生态文明制度体系建设，《中共中央国务院关于加快推进生态文明建设的意见》系统提出了生态文明建设的行动纲领，党中央关于生态文明建设的顶层设计和战略部署日臻成熟。在中国加快转变经济发展方式的关键时期，推进生态文明建设迫在眉睫，如何推进是摆在全国人民面前的一道难题。全国部分省市结合本地实际情况，积极探索生态文明建设发展路径，取得了生态文明建设的丰硕成果，积累了一批极具操作性的丰富经验。

综观全球生态文明建设的成果，欧美、日韩在国内生态文明发展的探索过程中，结合各国特点找到了合适的发展道路，成为了生态文明建设的先驱者和实验者，实现了生态文明建设的目标。虽然各国生态文明建设的侧重点和采取的措施各有不同，但殊途同归，归结起来都离不开绿色发展、循环发展、低碳发展等基本路径，对江西省生态文明建设工作有重要的借鉴意义。因此，要想打造生态文明建设示范区，实现生态文明建设目标，稳打稳扎的推进生态文明建设工作，必须要借鉴国内外的先进经验，选择适合江西的发展路径。

在经验借鉴上面，本书编写组选取了英国、美国、日本、韩国、新加坡这五个国家，分别梳理了这些国家在探索生态文明建设中的成功做法。在国内选取贵州、云南、青海、福建和浙江这五个省份，并在结合各自省情的基础上，分析其在生态文明建设中效果比较明显的一些做法。

一、国外生态文明建设的经验

（一）英国生态文明建设的经验

从18世纪开始，两次工业革命让英国成为世界上最强大的资本主义国家的同时，也伴随着生态环境的急剧恶化。19世纪英国现代工业急速发展，工厂废气未经处理大量排放，泰晤士河成为伦敦的排污明沟。1952 年底，著名的"伦敦大雾"事件爆发，两月死亡 1.2 万人的惨痛代价让英国政府深刻反思，英国政府开始积极探索生态文明建设，花了半个世纪的时间才最终恢复了英伦三岛往日的青山绿水、鸟语花香，取得了很大的成效：

1. 政府全方位推进环境保护立法治理污染

环境保护，立法先行。为有力推进环境保护，英国政府在立法方面加大力度，在废气治理、水资源保护、废弃物管理、生态环境保护、温室气体强制减排等方面陆续出台各项法案，为环境保护保驾护航。在空气污染防治方面，相继出台了《清洁空气法案》、《伦敦城法案（多项赋权）》、《空气污染控制法》、《环境法》、《空气质量战略草案》等一系列法案，严格控制家庭和工业废气的排放；在水污染治理方面，1963 年英国颁布《水资源法》，依法成立了河流管理局，实施地表水和地下水取用的许可制度；2003 年、2006 年、2007 年分别颁布了《水资源附属法规》，重点强调水资源的适当利用和环境容量；1981 年英国实施《野生动植物和农村法》，强调农业环保；1990 年英国制定《环境保护法》，两年后又制定《废弃物管理法》，以加强对城市和家庭废弃物管理；1993 年英国颁布《国家公园保护法》，加强对自然景观、生态环境的保护；2007 年英国颁布《气候变化法案》，对温室气体进行强制减排。英国政府制定的环境保护法案覆盖了各个层次、方面，在执行上也形成了部级、地方政府、相关企业三个层次的环境法律执行体系，保障了法律的有效实施。

2. 通过建立环境税制实现温室气体减排目标

为协调经济发展和环境保护的矛盾，20 世纪 90 年代末，英国开始推行有利于保护环境的环境税收法律制度，通过"绿化"税制对其税法进行了改革，取消了政府行政手段直接管辖。1997 年英国开始建立环境税制：为提高能源利用效率及推广可再生能源，2001 年英国开始实施气候变化税，以减少温室气体的排放，并配套出台了气候变化协议、提高投资补贴方案、碳信托、鼓励可再生能源等措施；2001 年 3 月开始根据汽车排气量征收车辆消费税，以每公里二氧化碳排放量为计税依据征收。2010 年 4 月引入了新的首年车辆消费税，鼓励消费者在购买汽车时将节能作为重点考量因素，根据汽车二氧化碳排放量的高低，设置了 13 个档，每一档设置了不同的标准税率，对排放量较高的进行重度征税，最低和最高差额高达 950 英镑；1994 年 11 月起开征机场旅客税，根据乘客的行程距离以及所选择的仓位进行征收，以补偿航空排放对环境造成的污染，减少二氧化碳气体排放量；2008 年 10 月英国政府出台购房出租环保税，要求房屋出租需先评定其房屋的能耗级别，并交纳环保税从而获得房屋出租许可证；1996 年 10 月，英国对居民垃圾征收垃圾（填埋）税，将垃圾分成了一般垃圾、低税率垃圾和免税垃圾三类，设定了不同的税率并逐年提高，以促进垃圾回收再利用，减少填埋产生的碳排放和环境污染；2000 年 4 月推出石方税，对陆地和水域范围内石方的商业开采行为征税，以减少石方总量的需求，鼓励使用再生材料；同时英国还通过逐年提高燃油税来鼓励消费者采取更节能生活方式，减少燃油碳排放。此外，英国通过投资成立碳基金公司、设立温室气体排放权交易机制，通过可再生能源义务机制、上网电价补贴政策、可再生供暖激励政策等辅助税收政策实现减排目标。

3. 打造“生态镇”和“低碳生态城市”

生态城市是英国生态文明建设的重点。早在 2007 年，英国政府提出了生态镇和低碳城市计划，生态城镇建设借用“新城法”作为开发和建设政策的依据。在建设生态城镇时，通过采用再生能源系统、交通规划、建筑节能标准、建设绿色基础设施、可持续的排水系统、市政垃圾的高标准处理等措施来实现可持续的城市低碳经济发展，鼓励房地产开发商和投资商与政府和地方实施机构建立强有力的合作伙伴关系。英国政府颁布了“可持续住宅标准”并利用相关法规强制执行，对所有房屋节能程度进行“绿色评级”，以提高房屋能源利用率和减少排放，政府宣布要求从2016年开始所有新建住宅都必须是“零排放”，环保住宅将享受免缴印花税的政策优惠。

4. 积极发展生态产业体系

在农业发展上，英国农业是精耕细作、高度机械化的典范，在注重机械化的同时通过集约化经营使英国农业走向了规模化发展路径，《新农业信用法》为农业信贷建立了系统化的农业金融制度，保障英国农业的现代化进程。在注重农业和农民发展的同时，英国注重乡村文化特色保护，通过制定《国家公园和享用乡村法》来保护英国乡村的传统特色文化，为英国乡村旅游奠定了良好的基础；在能源利用上，英国利用波浪和潮汐资源发电技术在世界上处于领先地位。英国积极倡导低碳经济，能源政策强调开发建设核电站和扩大利用可再生能源，不断提高可再生能源占电力消费总量的比重，在2015年实现比重达到15%；同时英国在汽车和交通领域的清洁技术、空气及水污染处理、低碳及可再生能源等方面节能减排技术优势明显；在推进老牌工业城市转型的同时大力发展教育、金融、航空航天、生物技术、旅游、文化传媒等产业，在节能减排方面走在了世界的前列，实现了产业的转型升级。

5. 强化全民环保意识培育

英国从小学开始就强化对国民的环保教育，不仅从书本上、课堂上教授学生相关环保知识，还鼓励学生用实际行动在日常生活中践行环保理念。比如，对孩子进行“反向社会化”环保教育，英国小学生在日常生活中不仅“严格要求自己”，而且用实际行动教育父母；1994 年英国启动“环保学校行动”，由英国环境、食品与农村事务部资助，参与学校要求学生进行垃圾回收利用、减少高耗能生活用品的使用、节约水资源甚至自己种菜，对于表现好的学生颁发相应的奖励；英国的很多公共场所和很多家庭都会通过黑色、红色和绿色三色垃圾桶实行垃圾分类回收和处理；鼓励消费者改变消费观念，通过给超市食品标上“碳足迹”标签，让消费者在选购食品时查看商品从加工到销售二氧化碳排放量，选择绿色购物方式。

（二）美国生态文明建设的经验

与英国一样，美国的生态发展也经历了“破坏—重建”的过程。在美国的移民西进过程中，伴随着商业、农业、矿业发展的是自然环境的破坏。20 世纪 60 年代，美国环境意识开始觉醒，环境保护运动兴起，相关法律法规、环境保护机构和各类民间环保组织也相继问世。由此，美国的环境保护纳入了由美国政府主导的、广大环境保护志愿组织及全体民众参与的法制化轨道。综观美国的生态文明建设之路，有一些值得借鉴的经验：

1. 完备齐全的生态环境保护法律体系

美国制定了齐全完备的保护生态环境的法律体系。1969 年制定的《国家环境政策法》是综合性的环境成文法，形成了命令控制、排污控制、技术强制和市场控制四种模式。《资源保护和回收法》是对危险废物实施全过程监控的综合性环境基本法。20 世纪 70 年代后的单行立法有：《清洁空气法》、《清洁水法》、《环境教育法》、

《职业安全和健康法》、《噪声控制法》、《宁静社区法》和《综合环境反应、补偿和责任法》等。1990 年通过的《污染预防法》，宣布“对污染应该尽可能地实行预防或源削减是美国的国策”。1992 年颁布的《能源法》，规定开发和利用太阳能、风能、生物能及沼气等新能源将享受税收优惠，立法鼓励使用新能源、推广新技术和淘汰落后工艺等。2000 年颁布的《有机农业法》，对农业的发展做出严格规范。从环境、意识、农业发展、民生安全、能源利用等多方面提出法律规范。美国的环境法律制度分为联邦、州、地区和地方四个层次，不同的行政管辖区域还有不同的规制方案。齐全的生态环境法律体系体现了经济与环境协调、可持续发展的思想，完备的环境保护法律体系成为保护国家良好生态环境的有效有力的法制保障。

2. 多方位的政策措施保障生态安全

美国政府通过政府采购、税收、行政收费及强制性措施来促进生态系统和网络的顺畅运行。在后产业生态理论的指导下，美国各级政府制定了相关政策和法规，行政采购中优先采购和使用再生成分的产品；对分期付款购买再生物质及污染控制型设备的企业减少销售税，鼓励企业多用循环产品做原料，并征收新鲜材料税、生态税、填埋和焚烧税等；对废旧物资商品化、倾倒垃圾、污水排放进行行政收费，如对饮料瓶罐采取垃圾处理预交费制，预交的资金部分用于回收处理，部分用于新技术研发。

3. 以政府为主导建立系统生态补偿机制

美国国家环保署会基于美国各阶段的环保现状发布“环保署战略计划”，围绕清洁空气和全球气候变化、清洁和安全的水、土地保护和恢复、健康的社会和生态系统、环境保护和环境管理这 5 项目标进行规划和部署，为美国的生态文明建设提供了指导性方案。同时，美国政府主导建设了各种专项计划形成了一套系统生态补偿机制，涉及流域间、湿地和森林资源生态补偿等各方面。如美国“环境质量改进计划”，通过向农业生产者提供成本补贴和激励性现金支付，鼓励农户和农场主改变原有生产模式，以达到对在耕土地进行环境改进的目的。

4. 普及公民的生态文明意识

在美国，非政府组织和公众是生态环境保护的重要力量，部门民间社团甚至协助政府立法和制定行业标准，成为普及推广生态文明意识的主力军；环保教育是美国教育的重要组成部分，《国家环境教育法》致力于建立和支持环境教育项目，美国环境保护署组织各类社会力量共同开发环保课程、环保教育项目等。美国中小学采用“渗透式”和“附加课程式”教学模式培养学生的环境保护意识和素养，高等教育机构通过提供环保职业课程、环境教育教师培训、环境保护科学研究等多样化的教育模式开展环境教育。美国从1997 年开始，把每年的 11 月 15 日定为“循环利用日”，通过宣传教育活动，提高公众的生态文明意识。在社区通过设立城市生态中心开展图书、展览、咨询、报告等活动，向居民普及城市生态相关知识，美国生态环境保护已然是一场自下而上的全民运动。

（三）日韩生态文明建设的经验

20 世纪以来，日本工业在快速发展过程中面临着非常严峻的生态环境问题，“水俣病”、“痛痛病”、“哮喘病”等怪病频现。为了实现可持续发展，日本政府把治理污染和改善环境质量摆到了首要位置。而韩国从 20 世纪 60 年代开始推行出口导向型战略，重点发展劳动密集型加工产业，工业化的急速发展也使得污染在80～90年代初期达到了高峰。日韩政府高度重视污染问题，从法律制定、绿色产业、循环经济等方面采取了有效措施，积累了一些可行、可复制的实践经验。

1. 制定健全的环境保护法律体系

20世纪90年代以来，日本建立了完善的循环经济法律体系，1993年颁布和实施了《环境基本法》，将污染控制、生态环境保护和自然资源保护统一纳入其中。2000年日本颁布《建立循环型社会基本法》建立循环型社会形态。《绿色采购法》、《资源有效利用促进法》、《促进包装容器的分类收集和循环利用法》、《家电再生利用法》、《建筑材料再生利用法》、《食品再生利用法》、《报废汽车再生利用法》等法律致力于推进资源再生利用和可再生物质的回收利用，有效地推进了日本循环型社会建设。1981年以来，韩国政府在大气污染监控、燃料转换、水质污染管理、废弃物回收、生产者责任回收利用、废弃资源循环利用等方面制定了一系列的政策和措施，保障经济发展过程中对环境的保护。

2. 建立别具特色的环境被害者救济制度

1969年日本颁布了《公害受害者救济特别措置法》，由政府出资与企业自愿捐助的方式，对大气污染受害患者支付一定的医疗补助费。1973年制定《公害健康损害补偿法》，该法通过向污染企业强制征收污染费向污染受害患者提供损害补偿费用，这种行政补偿手段实现了污染者负担的原则，而企业为了避免今后面临环境诉讼则会被迫接受。另外还有一些地方性的措施，如东京设立大气污染患者医疗费资助制度、全部哮喘病患者的医疗费全部免费制度等，政府高度重视对于环境污染受害者的救济。

3. 大力发展环保产业

在解决环境问题的过程中，日本政府通过公布全社会污染控制总目标引导企业进行环保，依靠市场行为也就是能源价格来调控企业环保行为，政府对工厂在环保科研、环保设备方面的投入给予一定的补贴。日本环保产业为生态环境的保护提供了环境治理和环境服务，从最初的主要为特定污染产业提供治理服务，扩展到为所有产业提供服务，环保产业蓬勃增长。韩国围绕“绿色增长”，通过发展清洁能源、绿色经济、绿色技术和绿色工业引导环境和经济和谐发展；通过实施土地可持续利用和四大河流生态恢复项目，建立绿色物流系统，以绿色消费等手段促进环保产业的发展。环境企业在解决环境问题上担当了十分重要的角色，不仅学习发达国家的环境治理技术，并且将其先进技术成功应用在韩国国内。

4. 用制度推动企业和公民的环保意识

一方面，20 世纪 90 年代以来日本企业由“被动治污”转向“主动治污”，重视开发环境模拟技术与环境协调技术。从产品设计和生产的最初环节就把环境保护纳入其中，并成为树立企业形象的一大任务。同时政府在市场上推出绿色环境标志制度鼓励消费者购买环保产品绿色消费，许多企业开始从过去被迫遵守环境法规到转变到现在自觉地加强环境保护。另一方面，日本十分重视环境宣传教育，投入巨资培养少年儿童良好的环境理念和环境道德。因此日本国民的环保理念和环保意识不仅来源于法律，来源于遵守规则的国民性格，更来源于从小抓起的教育培养。在韩国，除了宣传教育外，还通过推行严格的垃圾分类制度和垃圾计量制度在民众中推行环保理念，计量制度规定对排出垃圾的人根据其排出量收取垃圾附加处理费用，是韩国政府给予了垃圾排放者经济上的负担从而使其减少垃圾产生量的有效探索。

5. 打造生态农村，全面推进农业、农村经济发展

20 世纪 70 年代末日本发起“造町运动”扶持农村的发展。除在法规、政策上大力扶持农业发展外，开展“一村一品”运动，以开发农特产品为目标，培育各具优势的产业基地，形成村庄各具特色的优势产业，促进了农产品的生产流通，通过产业培育提高了产品的附加值。同时在政府财政补贴、农业人才培育、农村文化建设等方面出台优惠政策，全面提高农村城市化水平。韩国在 20 世纪 70 年代伊始开始推行“新村运动”，从改善农民的居住条件开始，到提高和改善农民的居住环境和生活质量，在此基础上鼓励发展畜牧业、农产品加工业和特产农业，积极推动农村保险业的发展和乡村文化的建设。

（四）新加坡生态文明建设经验

和许多国家一样，新加坡也经历了“先污染后治理”的过程。为解决就业问题，促进经济发展，新加坡在 20 世纪 60 ~ 70 年代大力鼓励劳动密集型制造业、资本型制造业的发展，但经济的发展却以环境的恶化为代价。1972 年新加坡成立了环境发展部，加大对环保基础设施的建设投入和环境保护监管力度，同时进行产业结构调整，对污染企业逐步进行淘汰。到 80 年代，新加坡国家经济基础开始稳固，积极倡导生产方式的转变，加强城市规划和环境保护，制订了环境保护 20 年治污、治水计划，全民动员保护环境。到 90 年代，国家经济发展和环境保护建设进入了真正意义上的良性循环，使新加坡发展成为具有国际竞争能力的发达国家。

1. 树立强烈的环保意识和环境危机感推动新加坡环境治理工作

政府作为表率，首先树立了保护环境的意识，进而通过健全的法律，到位的管理和全民宣传，对工业化的环境后遗症进行补救。环境保护成为新加坡人共同的理念，政府的环境危机感变成了全民共同的忧患意识。在各个领域和行业的建设发展过程中，首先新加坡政府考虑的是环境的建设和保护，并从长计议，包括在引进外资企业时，也实行严格的环保准入制度。比如，国家环境局“污化控制处”要参与企业设立的审查，主要负责在环保方面对企业设立进行严格审查，为了保证其权威性，审查工作由国家环境局“污化控制处”直接向总理署负责，可见政府对环保事业的重视。

2. 制定完备的法律制度并严格执法，广泛普及国民环保教育

从20世纪60年代开始，新加坡政府先后制定了一系列环境保护条例和相关标准，力求法规内容详尽明了、权责规定清晰、处罚措施透明度高、可操作性强，以有效控制工业污染。在空气污染源、空气污染物、工业污水等方面制定了严格的控制及排放标准；为保障环境保护条例和相关标准的有效实施，新加坡施以严格的执法手段，实行了融预防、执法、监督、教育为一体的系统模式。在工地规划、工业项目的合理选址、发展与建筑等方面实行管制，对环境基础设施的建设进行系统化的管理，并定期监测空气质量、水质、车辆排放等，评估管制措施的效率。新加坡通过严格的执法杜绝公民触犯环境法规的可能性；在严格执法的同时，新加坡政府将环境保护教育视为民众的终身教育。环保教育被列为学校课程的一部分，政府鼓励每所学校至少成立一个环境保护俱乐部，并培养环

境保护大使。同时鼓励全社会人人参与环境保护。新加坡政府还把新生水厂、立即无害化填埋人工岛等环境工程作为环保教育基地，提高环保教育的有效普及性。

3. 建立健全的环境保护机构，合理规划资源使用

1972 年，新加坡政府成立了国家环境发展部（现改为“环境及水资源部”）。环境及水资源部是新加坡政府负责环境基础建设和环境保护的最高行政机构，下设国家环境局和公用事业局，分别负责环境保护和环境基础设施建设，统一的管理避免了因政出多门而带来的协调上的麻烦，提高了工作成效；作为一个水资源短缺的海岛国家，新加坡政府将与水相关的行政部门全部整合起来，归公用事业局统一管理，实现了水资源和水协调两个问题的协调管理，在水源管理、水质管理、污水处理、废水回用、洪水控制、新生水的开发利用等问题上取得了卓越的成效；政府设立了专职部门处理垃圾、废水、废气等，帮助厂家和居民提高资源的利用效率，将物料循环使用、生活垃圾分类、可再生垃圾回收、汽车尾气排放等问题统一纳入政府环境保护规划。同时新加坡政府投入巨资建立垃圾焚化发电厂，并创新性的将垃圾焚烧灰烬和不可焚化的固体垃圾填埋成世界上首个由垃圾灰烬填埋兼具商业开发价值的人工岛屿，成为经典的变废为宝的环境保护先例。

4. 推进政企合作，打造合理的环境保护市场化运作模式

新加坡的环境保护工作由政府统一组织、统一规划、统一实施。但在实施过程中，是通过公共机构和私人企业界紧密合作，优势互补，双方共赢来实现的。在环保基础设施等大型建设项目方面，由政府提供新的环境基础设施和私人企业界提供服务是普遍的做法。如实马高岛岸外垃圾填埋场的建设由政府全额投资，而垃圾

的收集、运输等均交由私人企业界来完成。在大型环境工程和垃圾处理项目上，政府通过政府出资规划，进行项目建设招标，全部实行市场化运作的方式，打造政府组织企业参与的工程建设、运营模式；在垃圾收集和运输方面，新加坡政府将私人公寓、工业及商业大厦的垃圾收集、运输产业全部私有化，并实行了核发收集执照进行管理，执照的类别根据无机垃圾、有机垃圾、泥渣和油渣三类进行区分，有毒肥料的收集和处理有特许肥料公司承担。而垃圾的收运费用由新加坡能源公司代行，以保证垃圾处理、运输费用的及时有效收集，促使垃圾收运公司的有效运营，为环境保护市场化运作提供了保障。

二、国内生态文明建设的经验

贵州、云南、福建、青海和浙江等省份从完善环境法律法规，健全体制机制建设、推动技术创新和结构调整、提高发展质量和效益、加强生态思想政治教育、实现经济发展、加强民生建设等方面做了大量工作并推出了各具特色的一些措施，具体如下：

（一）贵州省生态文明建设经验

2014 年 6 月 5 日，《贵州省生态文明先行示范区建设实施方案》获批，贵州省成为继福建之后第二个以省为单位建设全国生态文明先行示范区。为加快推进生态文明先行示范区建设，贵州省在生态文明建设实践中领全国风气之先，不断树立“保住青山绿水也是政绩”的发展理念，探索既符合贵州实情又能在全国范围内做示范的“生态立省、环境立省”可持续发展战略，遏制了生态恶化的趋势，积累了许多成功经验。

1. 完善体现生态文明建设要求的评价考核制度

创新制度改革保障生态文明建设是贵州省生态文明建设过程中的破题之法，既有考核，也规范了问责。贵州省首先从树立正确的政绩观入手，先后制定和完善了《贵州省市（州）党政领导班子工作实绩考核评价办法》、《贵州省市县经济发展综合测评办法》，增加了体现生态文明建设的指标和权重，将生态文明建设纳入党政工作实绩考核指标体系；2014 年先后出台《贵州省赤水河流域环境保护河长制考核办法》，明确了考核奖惩机制；2014 年 7 月，贵州省审计厅印发了《赤水河流域（贵州境域）自然资源资产责任审计工作指导意见（试行）》，建立了自然资源资产领导干部离任审计制度；2015 年 3 月，《贵州省贫困县党政领导班子和领导干部经济社会发展实绩考核办法》出台，对 10 个不具备新型工业化发展条件的重点生态区贫困县取消 GDP 考核指标，提高特色优势产业增收指标权重；对其余 40 个贫困县弱化 GDP 指标分值，其中环境质量指标权重占 10%；2015 年 4 月，正式出台《贵州省生态环境损害党政领导干部问责暂行办法》和《贵州省林业生态红线保护工作党政领导干部问责暂行办法》，进一步加强领导干部的生态环境保护责任意识，督促各级领导干部依法履行生态环境保护管理职责；2015 年 4 月，《贵州省自然资源资产责任审计工作指导意见》出台，考察自然资源的开发、利用和保护状况，建立了相应的评价指标体系。贵州用“绩效考核评价”、“自然资源资产领导干部离任审计”、“生态损害责任终身追究”三项制度为生态文明建设提供了有力的保障。

2. 健全法制、管理条例保护生态环境

2014 年以来，贵州省着力强化立法工作，初步形成了具有贵州特色的生态文明建设法规体系。在加强生态文明领域立法方面，率先在全国出台省级生态文明建设促进条例，推动生态文明先行示范区建设。2014 年 4 月，贵州省成立了国内首家省级生态环境保护执法司法机构—生态环境保护执法司法专门机构；2014 年 11 月出台《贵州省林业生态红线划定实施方案》，做到指标确定、区域划定、管控措施、制度执行、责任追究、资金落实、考核措施等七到位，促进生态文明先行示范区建设；2015 年 4 月，下发《关于全面推进节水型社会建设的意见》，提高水资源的综合利用效率；2015 年 11 月，《贵州省湿地保护条例》出台，对湿地范围内废弃物、废水、违建、非法捕捞等各种行为严令禁止；2015 年 11 月底，《贵州草海高原喀斯特湖泊生态保护与综合治理规划》对城镇污水和垃圾处理、面源污染控制、生态保护与修复、遗留铅锌废渣重金属污染治理、水资源管理与利用、城乡布局统筹优化、产业结构调整、环境管理能力等 8 个方面进行投资建设；2015 年 10 月，《贵州省环境保护失信黑名单管理办法（试行）》印发，督促企业持续改进环境行为，自觉履行环境保护法律义务和社会责任；为强化责任落实，明确以环境质量为主的目标体系，省政府分别与贵阳、遵义、安顺等 9 个市地方政府签订环境保护工作目标责任书，对大气污染防止进行严格考核，对环境保护工作划定“三条红线”，明确提出环境不达标将“一票否决”。

3. 变生态优势为经济优势，打造绿色产业升级

为经济发展启动“新引擎”，贵州着力发展大数据、大健康、现代山地高效农业、文化旅游和新型建筑建材等五大新兴产业。统计数据显示，2015 年前三季度，大数据信息产业、大健康医药产业、规模以上农产品加工业总产值增速分别达到 35.8%、20%、20%，以大数据为重点的电子信息产业、新医药和健康养生产业，

以文化旅游为重点的现代服务业、山地特色现代高效农业等新兴产业对经济增长的贡献稳步提升，成为贵州省经济新动力；以“5个一百工程”为载体探索生态产业体系：在推动传统农业向现代农业跨越转型方面，打造100个现代高效农业示范园区，各市因地制宜，发展优势主导产业，强化科技应用，打造产业带和产业集群；在促进工业转型升级方面通过“100个产业园区成长工程”，推出扩区升位、培育提升、差异发展“三个一批”计划；在生态旅游方面，积极推动重点旅游景区建设，一方面注重整合旅游资源全力打造龙头景区，另一方面在保护和坚守原生态特色的基础上，探索出一条特色民族文化与旅游融合发展的新路子。贵州省将原生态民族文化作为发展贵州旅游业的一大抓手，把民族文化特色旅游打造成为贵州旅游的一个核心品牌。

4. 实现经济发展和民生改善良性循环

关注民生、重视民生、保障民生、改善民生是贵州经济发展赶超过程中的重点，省政府提出抓好落实扶贫脱贫攻坚、就业和创业、劳动者素质提升、城乡社会保障体系建设、“一危三棚”改造和保障性住房建设、基础设施向县乡延伸、农村生活环境改善、公共文化服务体系建设、公共卫生事业建设、社会管理创新和平安创建工程等“十大民生工程”；在扶贫开发问题上，瞄准特困地区实施扶贫攻坚，加快基础设施向县乡延伸，全面解决农村饮水安全和农村工程性缺水问题；全面完成农村危房改造任务和生态移民搬迁任务，全面建立促进农村教育发展的长效机制，加快建立“扶贫开发制度＋农村低保制度＋临时救助制度”有机融合的三位一体农村社会保障体系，实施百万农民工创业工程，开展农业实用技术培训，大力发展劳务经济，加快城镇建设步伐，建立贵州与东部发达地区大规模干部培训、交流、挂职锻炼的长效机制，提高贫困地区干部领导贫困群众脱贫致富的能力和水平；2015 年 12 月，发布《贵州民营企业“千企帮千村”精准扶贫行动倡议书》，倡议贵州省民营企业积极行动起来践行精准扶贫行动，要努力把“千企帮千村”打造成参与扶贫行动的重要品牌。

5. 加强生态文化建设，打造“多彩贵州”文化品牌

生态文化建设方面，贵州省加大力度保护和推进传统文化，着力打造村落文化精品，持续加强对传统村落和文化遗产的保护，通过省、市、县、乡、村 5 级联动和社会广泛参与，使传统村落文化遗产得到基本保护，生产生活条件得到有效改善，建立起有效的保护发展管理机制，培育起稳定增收的特色优势产业，完成对 426 个传统村落的消防改造，遏制住传统村落消亡的势头。对于传统村落物质文化遗产与非物质文化遗产进行有序开发及合理利用，出台了“关于加强传统村落保护发展的指导意见”，开始从立法上根据贵州传统村落的实际情况进行大胆的探索。

打造“多彩贵州”文化品牌，促进贵州省文化产业的发展。2012 年成立“多彩贵州品牌研发基地”，以民族文化、历史文化、红色文化、生态文化以及旅游风光、名优特产作为基本元素，以贵州酒、贵州城、贵州舞蹈、贵州旅游商品、贵州生态旅游作为载体打造多种业态聚合的“多彩贵州”文化品牌，成为推动贵州省经济发展，拉动贵州省旅游业兴起的一张贵州文化名片。

（二）云南生态文明建设经验

2008 年时任国家副主席的习近平在云南考察时对云南生态文明建设提出了“努力争当生态文明建设的排头兵”要求，2009 年开始云南省政府就将“建设生态文明”提上议程，通过召开全省环保

大会，确定今后一段时期的工作重点和工作目标，重点抓好主要污染物减排、高原湖泊和重点流域水污染综合防治、生物多样性保护和高原湖泊沿湖重点农村环境整治等工作。经过这些年努力，云南省在生态文明建设上取得了非常不错的成绩。

1. 完善环境法律法规，健全体制机制建设

云南省生物资源非常丰富，但生态系统也较为脆弱。云南省政府充分认识要加快经济又快又好的发展，必须抓好环境保护，重点从防治污染入手，加强立法，建立了相对较为完善的生态文明法律保障机制。为营造良好的法律环境，云南省制定了涉及环境资源保护方面的地方性法律法规有30多项和各种规范性文件近2000个，主要包括《云南省环境保护条例》、《云南省农业环境保护条例》、《云南省排放污染物许可证管理办法（试行）》和《云南省珍贵树种保护条例》、《云南省排放污染环境物质管理条例（试行）》、《滇池水域环境管理暂行条例》、《云南省重大资源开发利用项目审批制度》等，出台了《中共云南省委、云南省人民政府关于加强生态文明建设的决定》、《中共云南省委、云南省人民政府关于争当全国生态文明建设排头兵的决定》等文件；在制度建设方面，建立了“三同时”制度、环境影响评价制度、超标准排污收费制度、环境保护目标责任制制度、城市综合整治定量考核制度、污染集中控制制度、限期治理制度，初步形成了保护生态环境的制度体系。如昆明市指定的地方性法规和规范性文件有400多个，专门成立了环境资源司法保护专门机构，昆明市人民检察院设立了环境警察大队和环保法庭，相应制定了《昆明市环境保护公众参与办法》、《举报违法排污奖励暂行办法》和《突发环境事件应急预案》等。

2. 摒弃粗放型的经济发展模式，加快构建绿色产业体系

为了实现生态文明建设与产业发展的良性互动，云南省重点着

力低碳产业体系、循环经济、能源节约、水资源可持续利用、土地资源节约集约利用等五个方面，积极推进产业优化升级。2012 年，云南省政府出台《关于加快高原特色农业发展的决定》，以“高原粮仓、特色经作、山地牧业、淡水渔业、高效林业、开放农业”6 大特色农业破解云南高原特色的农业现代化之路，通过建设高原特色农业示范、深化农产品加工推进、提升农业科技支撑能力、创建农产品品牌、培育新型农业经营主体、建设农业基础设施、提升城乡流通服务体系、保障农产品质量安全等“8 大行动”，大力发展高原特色有机农业、生态农业；在工业发展方面，主抓八大重点产业绿色发展，对传统产业进行调整和改造提升，推进节能环保产业发展，同时积极培育新能源产业，构建现代产业新体系；在服务业发展方面，依靠多民族地区的先天优势，积极发展以旅游为特色的服务业，同时不断适应当代生态文明建设的需要和全球发展低碳经济的现实要求，推动现代服务产业向生态化发展。如云南大理州就依托优越的生态环境，积极开发民族风情旅游产品，促进服务产业向生态化转型，形成了节约能源资源和保护生态环境的产业结构、增长方式和消费模式。

3. 以江河湖泊水资源治理为抓手，推进生态环境改善

为改善湖泊生态系统和湖体水质，大幅削减主要入湖污染物，云南省专门成立了九湖水污染综合防治领导小组，九大高原湖泊保护与治理工作坚持“一湖一策”、分类施策，积累了丰富的湖泊治理经验：一是建立健全了湖泊保护治理综合协调机制，实现各级党委、政府一把手亲自抓、分管领导具体抓、相关部门协同抓的联动机制；二是加大投入稳步推进各湖水污染治理规划项目的实施，重点突出截污治污；三是九湖流域各相关州市促进产业调整升级，加强产业生态化建设，以示范项目带动和支撑九湖治理提升水平；四

是加强制度建设，因地制宜，提出“一湖一法”，为依法保护和治理九湖提供了法律保障，在流域严格执行环评和“三同时”制度，同时探索构建社会参与机制，公众环境意识逐步提高。

4. 扎实推进民心工程，当好生态文明建设排头兵

在党的群众路线教育实践活动整改方案中，云南省省委省政府提出要树立正确的政绩观，整治“形象工程”和“政绩工程”，将群众满意度作为评判“民心工程”的唯一标准，云南省各州市都有着生动实践。2012 年始，昆明市紧紧围绕加快建设美好幸福新昆明这一主题，倾力打造“富强、开放、文化、生态、和谐、幸福”六个昆明，积极实施“菜篮子”和“米袋子”建设工程、“幸福乡村”建设工程、就业促进工程、食品药品放心工程、交通整治和平安建设工程、城乡饮水安全工程、社会保障提升工程、城乡居民收入倍增工程、保障性住房建设工程、教育卫生提升工程等“十大民生工程”，推进昆明经济增长与幸福指数同步增长；2011 年云南省出台《加快少数民族和民族地区经济社会发展“十二五”规划》，在规划确定的 8 项工程 56 个项目中，民生改善工程安排资金 329.55 亿元，从就业、教育、医疗、养老、住房等利益问题入手，着力保障和改善少数民族聚居区民生问题；在《中共云南省委关于制定国民经济和社会发展第十三个五年规划的建议》中，云南省政府坚持以民生为本，将落实脱贫攻坚、提升公共服务和教育质量、促进就业和城乡居民增收、扩大社保覆盖面和促进人口均衡发展等作为重要民生工程，给全省人民带来“摸得着”的实惠。

5. 加大生态文明建设资金投入，创建生态文明教育基地

近年来，云南各级财政部门多方筹集资金，逐年加大了生态文明建设投入力度，2006 ~ 2012 年，云南财政部门累计直接投入环

境保护各类专项资金 151.51 亿元，其中，省级财政资金 84.43 亿元。2009 年以来，省财政厅每年按比上年增长 10% 的幅度安排环保部门项目支出专项资金。2012 年，省财政厅安排省级环保部门专项资金项目支出预算 3 亿多元，其中，七彩云南保护行动专项资金 9057 万元；生态文明建设专项资金 3570 万元；九大高原湖泊水污染防治专项资金 6000 万元；污染减排专项资金 4000 万元；省级排污费 7500 万元；其他环保支出 297 万元。在生态转移支付方面，2009 ~ 2012 年，省财政厅分别下达各地生态功能区转移支付补助资金 9 亿元、11 亿元、15 亿元、20 亿元，2013 年将达到 30 亿元左右。在森林云南建设方面，2008 ~ 2012 年，中央和省级财政累计投入云南省林业发展资金 227.45 亿元。仅仅依靠财政投入远远不够，当地政府积极调动社会力量参与到生态文明建设中来。

另外，为推进生态文明、美丽中国、七彩云南建设，推进我国生物多样性重要宝库和西南生态安全屏障建设，增强全社会生态意识，普及生态知识，加快构建繁荣的生态文化体系，使云南省生态文明教育基地创建和管理工作规范化、制度化、科学化，根据国家和云南省有关规定，制定了《云南省生态文明教育基地创建管理办法》，并且着力推进循环经济教育示范基地建设，普及全民生态知识，增强全社会生态意识，加快构建繁荣的生态文化体系，推进生态文明建设，先后建立云南普者黑国家湿地公园、大理州州级自然保护区—弥渡太极山风景名胜区和眠山森林生态公园等省级生态文明教育基地。

（三）青海省生态文明建设经验

青海省被誉为“江河之源，众山之宗”，是我国资源战略储备和接替区之一，是支持西南、西北边疆繁荣稳定的战略后方，2014

年被列入全国生态文明先行示范区。由于地处青藏高原，青海省植被生态环境十分脆弱，因此为实现青海省乃至我国整个社会的可持续发展，在2009年青海省政府提出了"跨越发展、绿色发展、和谐发展、统筹发展"的科学发展新模式，在绿色发展和生态环境保护等方面积累了一定的经验，值得我们学习和借鉴。

1. 法治为生态文明建设提供法律引导

西部大开发以来，青海省把生态保护和建设摆在突出位置，经过坚持不懈的努力，青海省的生态环境保护与建设取得了积极成效。更为重要的是，全省上下对青海生态地位的认识更加清晰。确立了生态建设在全局中的战略地位。2006年取消了三江源地区GDP考核，不再提工业化口号；2007年又提出了生态立省战略，使保护生态成为全省首要任务。同时，初步建立了新型绿色考评机制，有效激发了各级政府保护生态的积极性和主动性。2014年以来，青海省开始用制度来守护绿水青山。《青海省主体功能区规划》正式实施，根据规划，青海省国土面积的近90%被列入限制开发区和禁止开发区；《青海省生态文明制度建设总体方案》提出以三江源国家生态保护综合试验区为重要平台，先行先试，力争用5年多时间，在重点领域改革取得突破性进展，基本建立比较系统完备、可供复制推广的生态文明度体系。同时，《青海省国家和省级重点生态功能区限制和禁止类产业目录》、《青海省国家重点生态功能区市县限制和禁止发展产业清单》、《青海省有关重点生态功能区产业准入和环境标准相关要求》等先后制定。围绕主体功能区建设，制定了自然资源产权制度、生态补偿制度、资源有偿使用制度、国家公园制度和生态文明考核评价等制度。2015年1月13日，《青海省生态文明建设促进条例》经青海省十二届人大常委会第十六次会议审议通过。分别对青海省生态文明建设的责任主体、规划与建设、保护与治理、保障机制、监督检查、法律责任等内容做了明确规定；倡导建立政府主导、全民参与的生态文明建设良性循环机制。2015 年 4 月，青海大气污染防治实施情况考核办法（试行）出台，两市六州从今年开始接受空气环境“年考”。

2. 建立档案为生态文明建设保驾护航

三江源生态保护和建设工程是一项涉及范围广、内容庞杂而繁琐的系统工程，它是我国淡水资源的重要补给地，是高原生物多样性最集中的地区，是我国青藏高原生态安全屏障的重要组成部分，是世界上海拔最高、面积最大的高原湿地生态系统。8 年来，青海省各地区、各部门和各建设单位利用项目档案，编写了《希望三江源》、《走进三江源》、《大美三江源》、《青海自然保护区研究》等内容翔实、文字简练的参考资料，全方位、多层次地解读了三江源工程建设，为三江源生态保护和建设工程实施生态成效评估提供了科学依据，为科学制定三江源地区生态保护和建设长期发展规划、推动青海省生态文明建设提供了珍贵的科学资料，特别是三江源地区黄河、长江、澜沧江径流历年统计资料，草地、水文水资源、水保、气象、林业、环境监测原始记录等资料在青海三江源生态保护和建设工程二期项目的规划方案中发挥了重要的参考和借鉴作用。

3. 通过强化主体功能定位，优化国土空间开发格局

青海省通过加快落实《青海省主体功能区规划》，合理构建了“一屏两带”为主体的生态安全格局、“六大区域”农牧业发展格局、“一轴两群（区）”为主体的城镇化工业化格局。推进农村土地整治和城乡建设用地增减挂钩、城镇低效建设用地再开发、工矿废弃地复垦利用等国土综合整治工作。构建平衡适宜的城乡建设空间体系，适当增加生活空间和生态用地，保护和扩大绿地、水域、

湿地等生态空间。加强对城乡规划“三区四线”（禁建区、限建区和适建区，绿线、蓝线、紫线和黄线）的管理，通过科学确定城镇开发强度，划定城镇开发边界，逐渐实现城镇化发展由外延扩张式向内涵提升式转变。除此之外，青海省注重以生态文明理念引导社会主义新农村和新牧区建设，大力加强农村基础设施建设，开展农牧区生活垃圾专项治理，继续实施以“三清五改治六乱为重点”的村庄环境整治，加强畜禽养殖污染防治，分批推进高原美丽乡村建设工程，组织实施农村牧区环境综合整治规划，切实改善了农牧区生产生活环境，促进了乡村旅游休闲业的发展和文明村镇的创建。

4. 推动技术创新和结构调整，提高发展质量和效益

青海省通过加大科技投入力度，来加强重大科学技术问题研究，开展能源节约，资源循环利用、新能源开发、污染治理、生态修复等领域关键技术攻关。强化企业技术创新主体地位，提高综合集成创新能力，加强草场生态研究院、重点实验室、科技成果转化推广中心和示范基地建设。与此同时，加强生态文明基础研究、试验研发、工程应用和市场服务等科技人才队伍的智库建设，为生态文明建设提供了智力支持。近期建立了基层技术咨询和科技服务体系和科技特派员制度，实施农牧业、科技入户工程。

通过培育和发展以新能源、新材料、生物、现代装备制造业为主的支柱产业，以强化信息技术支撑、推进清洁生产为主，改造提升了传统优势产业，以生态旅游、零售批发、餐饮住宿、现代物流、绿色金融等为主，逐渐发展壮大了节能环保服务业。合理布局建设基础设施和基础产业，积极化解产能过剩，加强预警调控，落实产能等量或减量置换方案，以推动企业兼并重组为重要手段，加快淘汰落后产能，逐步提高淘汰标准，完善落后产能有序退出引导和奖惩机制，调整优化能源结构，发展清洁能源、可再生能源，形

成水能、风能、太阳能等为主体的绿色低碳能源体系，逐步建成了全国最大的太阳能发电基地和重要的光伏产业基地。

5. 加强生态思想政治教育，积极培育“大美青海”生态文化

青海省通过加强公民的生态思想教育来为草原生态文明建设夯实基础，通过灌输草原生态理念和树立生态观念的宣传，来引导牧区群众树立保护生态就是保护生存家园的价值观，通过从牧民自身出发进行有计划有方法的宣传教育，使他们了解草原对于建设生态文明的重要性，以及将给他们带来怎样的收益，这一举措切实减少了对草原的过度放牧和过度使用。与此同时，青海省也将物质奖励作为思想政治教育的一项重要方法，对调动牧民保护草原的积极性起到了一定的促进作用。另外，青海是个多民族聚居、多文化交融的省份。历史上各民族共同开发青海，创造了敬畏自然、尊重自然、善待自然、顺应自然的生态文化。在推进生态文明建设中，青海注重挖掘传统生态文化，培育生态伦理道德观，融入社会主义核心价值体系，引导社会公众在价值取向、生产方式和消费模式上进行绿色转型，使保护生态环境、建设生态文明成为各级党委政府决策和企业行为的自觉行动。同时，以一系列文化节庆、赛事活动和文艺作品为载体，打造生态文化品牌——“大美青海”，增强各族人民群众支持参与生态文明建设的积极性和主动性。

（四）福建省生态文明建设经验

福建省森林覆盖率居全国第一，具有良好的生态文明建设基础，早在2001年就前瞻性地提出建设“生态省”的战略构想。2014年3月10日，福建省成为党的十八大以来，国务院确定的全

国第一个生态文明先行示范区。福建生态省建设取得积极成效，节能降耗水平居全国前列，水、大气、生态环境质量均保持优良，创造了南方红壤区水土流失治理、集体林权制度改革、生态补偿等一批先进典型，打造出“清新福建”品牌，积累了丰富的生态文明建设经验。

1. 加强生态保护，守住生态红线，打造“清新福建”金字招牌

一是生态红线守住环境底线。2014 年 9 月，福建省划定了全省生态功能红线并建立了全省生态功能红线划定工作联席会商制度和定期调度通报机制，将 9 个陆路类型和 10 余个水域类型纳入最严格的管控。这些区域内禁止一切与生态保护无关的开发建设活动、禁止进行工业化城镇化开发和围填海工程等海洋开发活动。严控生态功能红线，在确保省域重要生态功能区、敏感区和脆弱区纳入红线管控的同时，将市域和县域的重要生态区域一并纳入并实现全省生态功能红线保护。“一张图管到底”，红线一旦划定，就要确保保护面积不减少、保护性质不改变、生态功能不退化、管理要求不降低。

二是突出自然生态系统建设，把造林绿化作为“生态省”建设的重点任务。在生态文明建设过程中，福建把水土流失治理作为“生态省”建设的突破口，在全省 22 个水土流失重点县开展声势浩大的治理工程，累计治理水土流失面积 1.23 万平方公里。2011 年，福建省率先将森林蓄积量、覆盖率指标纳入政府任期目标。2012 年，实行生态保护财力转移支付，根据各地森林覆盖率的高低和增长情况，相应下达生态保护补助资金。2013 年，又将森林蓄积量、覆盖率和林地面积减少率，列为全省山区市、县两级政府的绩效考核指标，确立沿海重点考核经济、山区重点考核生态的新

导向，以实现“人往沿海走、钱往山区拨，沿海发展产业、山区保护生态”。福建省还依据林地保护利用规划，坚持用途管制和定额管理，严格审核审批建设项目使用林地，提高审核率；严格执法，依法办案，减少林地资源非正常消耗；提前介入，引导项目科学用地，发挥有限林地资源的最大效益。2013 年，福建在全国率先开征森林补偿费，征收的森林补偿费，用于生态修复、沿海防护林建设、生态林赎买等重点生态工程，实现应保尽保。同时先后做出建设海西林业、实施“四绿工程”、开展“大造林”活动等部署，仅 2011 年以来就完成造林 1000 多万亩；推行海域资源有偿使用制度，严格控制围填海工程，建立海洋生态保护区，海洋生态环境总体较好。

2. 积极探索体制机制创新，为建设美丽福建提供制度保障

福建省积极探索生态制度改革，根据国家公布的《国家新型城镇化规划（2014～2020）》，提出的建立生态文明考核评价机制，按照国土空间开发格局总体规划，取消对 34 个县市的地区生产总值考核，实行生态保护优先和农业优先的绩效考评方式；率先建立生态补偿机制，2003 年起先后在九龙江、闽江等流域开展生态利益共享、治理共担的补偿机制试点工作，在九龙江、晋江、闽江、汀江都已建立起生态补偿机制并逐年提高生态补偿资金；2015 年 1 月，福建省人民政府印发《福建省重点流域生态补偿办法》，提出对跨设区市的闽江、九龙江、敖江三个流域实行生态补偿办法，资金筹措和分配上向流域上游地区和欠发达地区倾斜，对水质状况较好、水环境和生态保护贡献大、节约用水多的市、县加大补偿；2010 年，福建省政府制定了“福建省森林生态效益补偿基金管理暂行办法”，规范和加强了森林生态效益补偿基金管理；2012 年福

建省财政厅下发了《福建省生态保护财力转移支付办法》，规定了生态保护补助资金的使用重点和生态保护财力转移支付的补助范围；制定出台《福建省环境保护条例》、《福建海洋环境保护条例》等地方性法规，并建立生态环境保护行政执法责任制；推行领导干部环保“一岗双责”，把环境保护列入各级政府绩效考核，并将考核结果作为评先选优和干部提拔任用的重要依据。在生态补偿机制的建立方面，福建省已走在国内前列，初步形成由省生态保护财力转移支付办法、闽江九龙江重点流域上下游生态补偿机制、森林生态效益补偿基金制度和矿山生态环境恢复治理补偿机制组成的生态补偿机制，是全国最早实施森林生态效益补偿和江河下游地区对上游地区的森林生态效益补偿的省份。

3. 大力发展绿色经济和低碳循环经济

一是积极推进产业升级，重点发展战略新兴产业。福建省一直注重处理好经济建设与生态建设的关系，坚持以转方式调结构为核心，大力发展生态效益型经济，走资源节约、环境友好、可持续发展的绿色之路。一方面，坚持绿色低碳发展导向，着力调整优化产业结构，加快构建绿色低碳产业体系，把发展战略性新兴产业和高新技术产业作为加快转变经济发展方式的重要突破口，着力培育壮大新一代信息技术、生物医药、新材料、新能源、节能环保、高端装备制造、海洋高新产业等战略性新兴产业；另一方面，严格项目准入门槛，坚持“宁可少一点也要好一点，宁可少一点也要实一点”，把环境容量作为项目引进的重要依据，把环境准入作为项目取舍的重要标准；在产业布局上，更加突出集约、节约和高新技术导向。早在2009年福建就出台了电子信息、汽车、新能源、节能环保等14个重点产业调整振兴方案，其中，新能源等战略性新兴产业得到前所未有的提升，列入振兴方案的重点项目占总项目数近一半。

二是以循环经济为抓手，坚持走新型工业化道路，大力发展生态效益型工业。2012 年以来，福建省首先加快“十二五”第一批 15 个循环经济示范试点城市、22 个循环经济试点园区和 205 个驯化经济试点企业建设，以生态工业园建设为载体促进循环经济发展；其次积极推进煤矸石、粉煤灰、工业副产石膏、冶炼和化工废渣、建筑和道路废弃物以及农林废物资源化利用，落实资源综合利用税收优惠政策。

三是加快推进再生资源回收利用，加大对废金属、废纸、废塑料、废旧轮胎、废旧电子产品的再生利用；四是积极推行清洁生产，鼓励引导企业开展清洁生产审核，促进企业实施切实可行的清洁生产方案，提高能源利用率和减少污染物排放，开始对多家企业开展清洁生产审核。2015 年 7 月，福州经济技术开发区为国家生态工业示范园区，全省初步形成了“资源—产品—再生资源”生态产业链、企业间资源共享、副产品互用和企业内部节约利废等多种循环经济发展模式。

4. 长期坚持“为民办实事”项目，提高民生福祉

自 2010 年 8 月以来，福建省持续实施重点项目建设、新增长区域发展、小城镇改革发展、城市建设和民生工程“五大战役”，为经济社会协调发展不断积聚“正能量”。在民生工程方面，“为民办实事”项目各事项有序落实。到 2012 年，福建省委、省政府已经连续 22 年开展为民办实事项目，共计推出 233 件为民办实事项目，其中 70% 以上直接覆盖农村，惠及广大农民。在惠民利民方面，实行农村老年福利服务“星光计划”、农家书屋建设工程、农村居民最低生活保障制度、“年万里农村路网工程”、全面免征农业税、加强村级农民技术员、医生队伍和建设、实施年百所乡（镇）卫生院改造提升工程、农村户用沼气建设工程、农村劳动力转移就

业技能培训计划、农民体育健身工程，把惠农实事办到农民心坎上；在公众保障基础设施文教卫生方面，连续 11 坚持治理餐桌污染编织食品“安全网”，2004 年福建开始实施水利建设“六千”工程，2007 年，福建将“全面实行新型农村合作医疗”纳入为民办实事项目，2012 年全省新农合参合人数达到 2441 万人，参合率达到 99.66%；从 2010 年 4 月起，“残疾人托养服务”项目为全省上万名智力、精神和重度残疾人提供托养服务，取得了“托养一个人，解放一个家，温暖一片人”的良好社会效果；2010～2012 年，福建已连续 3 年把社区信息化建设列为“为民办实事”项目，推动社区信息化建设进一步提速；在优化城乡人居环境方面，扎实推进生态镇村、生态县市区建设，打造具有福建特色的人居环境品牌。一是结合社会主义新农村建设，加快推进农村环境连片综合整治；二是加强城市生态社区建设，做好城市景观道路绿化美化亮化，增加城市健康锻炼场所，发展步行栈道和森林公园，使生态环境成为百姓的最爱。

5. 大力弘扬生态文化，扎实推进生态文化建设和保护

在弘扬生态文化方面，通过创建生态文明教育基地、生态文化村和生态文化企业，建设管理森林公园、自然保护区和发起树王保护等活动扎实推进生态文化载体建设；通过开展森林生态文化创作，借助与中央、省级新闻媒体平台和重要活动对生态文进行积极的宣传，普及民众的生态文化理念。在生态文化保护和建设方面，福建省结合闽南文化特色，将保护客家生态文化作为工作重点，2014 年全面建成了福建客家祖地生态文化与保护十项目。同时，福建利用良好的森林覆盖率，积极打造乡村生态文化建设，首创独具福建特色的“森林人家”旅游品牌，以良好的森林环境为背景，以有较高游憩价值的景观为依托，充分利用森林生态资源和乡土特

色产品，融森林文化与民俗风情为一体的，为旅游者提供吃、住、娱等服务的健康休闲型品牌旅游产品。森林人家内涵的“三化一力”（即绿色化、乡土化、体验化和亲和力）引导了巨大的市场需求，促进了乡村生态文化建设和发展。

（五）浙江省生态文明建设经验

早在2002年，浙江省就提出了建设“绿色浙江”的目标。2003年，浙江省成为全国第5个生态省建设试点省，生态省建设战略开始启动。连续十余年来，浙江省省委、省政府坚持走“绿水青山就是金山银山”的发展之路不动摇，把生态文明建设融入经济建设、政治建设、文化建设、社会建设的各方面和全过程，在推进“美丽浙江”建设的道路上取得了丰硕的成果，积累了大量的建设经验。

1. 治水为先推进生态文明建设

针对制约浙江发展的一系列突出问题，浙江省打出了一套以治水为突破口，以浙商回归、“五水共治”、“三改一拆”、“四换三名”、“四边三化”、“一打三整治”、创新驱动、市场主体升级、小微企业三年成长计划、七大产业培育为主要内容的转型升级组合拳。在治水方面，将“让老百姓喝上放心的水、让老百姓能够下河游泳、让水更清、岸更绿、景更美”作为水资源治理的目标，首轮“811”专项行动聚焦环境污染整治，围绕重点区域、行业、企业，大力实施污染整治，加强污水、生活垃圾处理，加快建设环保基础设施，第二轮“811”环境保护新三年活动重点巩固成果，防止污染反弹；为保障“五水共治”的实施效果，浙江省推出“河长制”，通过具体河流责任到人、四级河长（省级、市级、县级、镇

（乡）级）负责体系、明确河长职责等相关制度落实“河长制”，并采取了建立健全全省河流档案库、建好治理项目库、明确治理时间表、责任表和考核表等措施，为污水整治工作保驾护航，保障了污水治理的效果；2015 年，浙江省财政安排资金 15.15 亿元，全面提高浙江污水、污泥收集处理处置水平。其中，11.15 亿元用于全省城镇污水处理基础设施和泵站建设，4 亿元用于嘉兴市海绵城市建设试点建设。对海绵城市示范区的建设编制了详细的三年实施计划，并编制《嘉兴市海绵城市建设试点示范区建设规划》，对示范区内实施项目进行进一步的梳理，为项目实施做好相关准备。嘉兴海绵城市试点示范区项目的资金来源包括国家财政补助、市财政专项资金安排、利用 PPP 模式成立 SPV 公司向金融机构或上市融资以及设立嘉兴市海绵城市建设发展基金等方式筹集。已成立的嘉兴市海绵城市投资有限公司，将通过招标的方式，选择在项目建设与运营过程中引入专项性、实力雄厚的战略合作伙伴。积极探索设立海绵城市建设发展基金，建立长效的海绵城市建设投融资体制。

2. 建立生态文明考核评价制度，打造生态文明制度建设的“浙江样本”

为使生态文明理念深入人心，浙江改革政绩考核体系，将“青山绿水”纳入其中。在生态考核制度上，浙江也已领跑全国，摒弃“唯 GDP”转向发展“绿色 GDP”。2012 年 9 月省委省政府制定了《浙江生态文明建设评价体系（试行）》，对县（市、区）生态文明建设进行量化评价，将生态文明建设体系分为生态经济、生态环境、生态文化和生态制度等四个领域 10 个关注方向，共设定 37 个指标进行考核。通过考核评价把环境保护作为约束性指标纳入考核体系，改变了长期以来 GDP 至上的政绩观。2014 年初，在一年一度的针对地方各级政府的综合考评工作取消了对工业经济总量和人均生产总值（GDP）等相关指标的考核，实行以生态为先、民生为重的单列考核，新增“水环境质量”、“空气环境质量”、“生态环境指数状况”等内容，使其考核更具科学性。

在生态文明体制建设方面，浙江率全国之先最早开展区域之间的水权交易，实现了稀缺的水资源的优化配置，提高了水资源的配置和使用效率；浙江是全国开展排污权有偿使用的最早省份，排污权制度改革大致经历了“区级自主探索—市级深化实践—省级推广应用”三个阶段，2009 年 3 月，《浙江省主要污染物排污权有偿使用和交易试点工作方案》获批，全省排污权有偿使用和交易试点工作正式启动，并陆续配套出台了工作指导意见和办法，实现了以最低成本达到环境保护目标的效果；2005 年 8 月，浙江省《关于进一步完善生态补偿机制的若干意见》出台，并投入了数以百亿计的生态保护补偿资金，同时根据实践不断深化生态保护补偿机制，鼓励了生态屏障地区生态保护的积极性，保障了整个区域的生态安全；2006 年，浙江在全国率先开展以县为规划单元的生态环境功能区规划，2013 年 8 月《浙江省主体功能区规划》在全国率先发布，在空间上在编织了保护青山绿水的一张“生态安全网”。

3. 提倡绿色发展理念，让环保倒逼产业转型，用美丽实现产业提升

为协调好经济发展和环境的关系，浙江省政府坚持让绿色成为经济发展的风向标，以改变生产方式和调整产业结构为着力点，实现经济发展模式的绿色转型。在农业发展上，将青山绿水的生态优势转化为特色产业优势，大力发展生态农业、花果经济、苗木经济，基本做到了“一县一特色”的农业发展格局，形成了规模和品牌效益。坚持以生态精品农业战略为引领，推进生态精品标准化生产模式，生态循环农业、现代林业园区、现代渔业园区交相辉映，

推动农业经济提升；工业发展方面，坚持治污控污和产业转型“两手抓”，让经济发展生态化，将生态优势转化为经济效益。早在2007年浙江省环保系统率先探索空间、总量、项目“三位一体”的新型环境准入制度，对新建工业项目严把环境准入关，坚决否决“两高一资”项目，同时通过专家评价、公众评价的决策评价机制，力争从源头上预防环境污染和生态破坏；“十二五”重污染高能耗行业整治行动紧紧抓住“铅蓄电池、电镀、印染、造纸、制革、化工”等6大重点行业这个主要矛盾，推进环境整治工作，坚决淘汰落后产能鼓励企业清洁化生产，实现了产业的转型升级；在淘汰落后产能的同时，浙江省积极推动绿色发展，着力培育信息、环保、健康、旅游、时尚、金融、高端装备制造等七大产业，重点发展节能与新能源汽车、环保设备制造和综合服务产业，让节能环保低碳技术及产业成为经济新的增长点；在服务业方面，推出了服务业强县（市、区）培育工程，鼓励全省各地依托“青山绿水”打造“美丽经济”。“千村示范、万村整治”和美丽乡村建设成为浙江生态型旅游业转型的契机，“美丽乡村”让景区品质大幅度提升，各地依托独具特色的山水资源优势培育养老、养生、健康等生态经济新业态，浙江生态型服务业风生水起。

4. 打造“美丽乡村”，以生态文明建设惠民生

自2003年浙江省启动“千村示范万村整治”工程以来，从整治村庄环境脏乱差问题入手，着力改善农村生产生活条件，到科学规划城乡布局，整治村容村貌变，引导农村“生态优势”为经济优势，再到基本公共服务城乡均等化、农村环境实现“点—线—面”的综合整治演进，经过十余年的时间，浙江省打造了“美丽乡村”的金字招牌。2012年底，浙江省农村生活垃圾集中收集处理行政村覆盖率达到93%，生活污水治理行政村覆盖率达到62.5%，全

省农家乐特色村、特色点数3012个（其中村717个、点2295个），这些农家乐特色村、经营点大都是在村庄整治、历史文化村落保护和美丽乡村建设的基础上发展起来的。2016年11月，浙江省公布的6个美丽乡村示范县及100个示范乡镇形成了美丽乡村休闲旅游线路，让农村成为农民幸福生活的家园，也成为市民休闲旅游的乐园，实现了城乡居民的民生普惠。

为提高民生福祉，浙江省在政策制定、资源分配和财力支持上向“三农”倾斜，致力于改善农村基础设施、生活环境、文化氛围和公共服务。2008年，浙江省出台《基本公共服务均等化行动计划》，将城乡教育公平程度、城乡的公共卫生体系和基本医疗服务体系覆盖面、城乡公共文化服务网络覆盖率、健全全民健身服务体系、城乡公共交通、供水供电、邮政通信、污水和垃圾处理一体化作为基本目标，实现城乡基本公共服务均等化。同时，浙江省还通过健全就业公共服务体系、深化完善社会保险体系、多渠道解决城乡低收入家庭住房困难、实施分层分类救助制度、构建新型社会福利体等建立全覆盖、保基本、多层次、可持续的社会保障体系，主抓就业、社会保障、教育公平、全民健康、文体普及、社会福利、社区服务、惠民安居、公用设施、民生关爱等十大民生工程，从改善基本民生入手，实现民生的公平、普惠、均衡的发展。

5. 倡导绿色生活，积极培育和弘扬绿色文化

生态文化建设是浙江绿色崛起的发力点，2010年浙江省成立了全国首个省级生态文化协会并率先设立了省级“生态日”，2011年又成立了首个县级生态文化协会，开办生态摄影展，积极传播生态文化，不断挖掘生态文化内涵，引导社会公众参与到生态文明建设中来；2013年11月，浙江省启动“浙江省共建共享美丽人居环境行动”，以深化提升生态乡镇、绿色城镇、园林城镇、人居环境示

范、卫生城镇、美丽乡村、生态村、绿色社区、绿色家庭等“绿色系列”创建为载体，在全省范围内倡导绿色健康的生活方式，提高节能型、循环型设备在居民生活中的普及率，推进城乡道路到建筑的立体绿化；为提升全民的绿色生活意识，浙江省各地通过在青少年、社区中推出“倡导绿色生活，共建生态文明”、“绿色生活社区行”、“世界环境日”、“垃圾分类我先行，绿色生活共分享”等活动，倡导绿色生活；“美丽乡村”建设始终坚持在整治、转型发展过程中保护和历史文化传承，实现历史人文景观和人类生活的和谐统一，同时注重推进精神文明建设，展现“和美乡风”，全省散布的609个历史文化村落将村落的历史底蕴与生态文明相交融，到2014年浙江省有13个行政村获得了全国生态文化村称号；浙江省中心镇建设、小城市培育、特色小镇打造始终坚持以人为本，将生产、生活、生态融合发展，将历史、地域和民族文化融入地方发展的内涵；在推进家庭文明建设和农村移风易俗，打造绿色文化的过程中，浙江省精心打造了家庭、学校和社区全方位教育网络，通过理想信念教育、家庭美德建设、最美家庭创建、立家训家规、丰富实践载体等手段，营造社会主义家庭文明新风尚，树立文明新乡风。

三、国内外生态文明建设的启示

良好的生态环境是江西最宝贵的资源、最具竞争力的优势。江西被纳入全国第一批生态文明先行示范区，是江西发展史上又一次重大机遇。在努力将江西建设成中部地区绿色崛起先行区、全国大湖流域生态保护与科学开发典范区、生态文明体制机制创新区的同时，积极借鉴国内外生态文明建设的先进经验，结合江西实际情况，探索符合江西的生态文明建设路径至关重要。根据对欧美、日韩、新兴国家及我国国内生态文明建设的具体做法和典型案例，以下几点对我省生态文明建设具有重要启示：

（一）进一步加强环境法制，严格执法

从国外样板案例来看，生态文明建设取得显著成果的一个重要原因是通过系统性的环境立法规范企业、公众行为，同时成立专门的政府机构确保法律、法规的有效贯彻实施，并引导企业和公众的环保意识，将环境保护行为市场化。我国环境保护法律、行政法规数目繁多，以《中华人民共和国环境保护法》作为环境保护的基本法，并以特定的环境保护对象制定颁布了多项环境保护专门法和与环境保护相关的资源法，同时还制定了30多项环境保护行政法规，各相关部门还发布了大量的环境保护行政规章以及600多项环境保护地方性法规。但缺乏配套的法规、规章和实施细则是普遍存在的问题，且对违法后续惩罚细则不明确，或惩罚太清，造成了“环境保护守法成本高、违法成本低”的难题。另外，环保部门缺乏必要的强制执行权，而法律规定有强制执行权的部门在环境执法上的责任缺乏明确而具体的法律规定，使环保法律难以落实到位。随着2015年1月1日史上最严《环境保护法》的实施，将生态保护红线和生态补偿机制纳入法律，极力破解“守法成本高违法成本低”的问题，生态文明建设顶层设计的日臻成熟。国内贵州、云南、青海、福建、浙江等省份也根据省内实际情况在法律制定和执行上为生态文明建设做好制度保障。因此江西省生态文明建设要结合省内实际情况，严格执行相关法律和行政法规，同时制定环境保护地方性法规和行政规章，务必强调“目标明晰、责任明确、执法严谨”，为生态文明示范区建设制定环保高标准。

（二）推进生态文明体制机制创新，为生态文明建设提供制度保障

从欧美来看，英、德通过制定完善的环境税制约束企业、公众行为；美国在分阶段制订的“环保署战略计划”中保障生态文明建设的成果；日本和韩国的“环境被害救济制度”和“垃圾计量制”在生态文明建设中成效显著；新加坡通过创新性的“国家环境发展部”统一规划和管理生态文明建设。综观国内，贵州省的“绩效考核评价”、“自然资源资产领导干部离任审计”和“生态损害责任终身追究”、福建省的重点流域和森林补偿机制的建设、云南省的环境影响评价制度、超标准排污收费制度和环境保护目标责任制制度、浙江省的首创性水权交易、排污权有偿使用和交易以及生态补偿机制等都是机制体制创新改革的具体表现。完善的生态制度是生态文明建设的有效保障。因此，要建设生态文明示范区，江西省不仅要在环境法律、规章和政策方面为生态文明建设保驾护航，也要在生态税收、生态规划、生态监测、生态评价、生态审计、生态补偿、生态安全、污染物排放控制、清洁生产等多方面创新制度，用制度规范生态文明建设；在环境监督、生态政绩考核、环境污染举报、环境破坏惩处等方面建立长效的机制，在排污权有偿使用、碳排放交易、生态补偿机制积极建设新途径，为持续取得生态文明建设成果打下坚实的基础。

（三）创新融资机制和融资渠道，打造江西省生态文明建设“资金池”

生态文明建设是一项系统性工程，需要投入大量的成本，是摆

在政府面前的一个现实问题。从国内外经验来看，资金来源均离不开“政府引导、社会参与、市场运作”的解决路径。首先，政府在财政拨款上大力支持环境治理、环保技术的研发和环保产业的发展壮大，并通过各类环境税和碳交易基金公司扩大资金池；其次，在积极引导社会环保团体之余，通过有利于提高社会公众福利的环保基建项目鼓励社会公众出资积极参与生态文明建设；最后，充分发挥市场的资源配置作用，对于大型环保项目用政企合作的方式，以盈利和环保目标为导向引导企业出资并运营，并通过行政法规等手段保证企业的既定利益。因此，江西省在生态文明建设的过程中，必须积极拓展思路，既要重视财政工具的引导性，更不能忽略市场运作的基础性作用。在项目投资、财政补贴、政府采购、税收优惠、生态补偿机制等方面，政府财政要加大对生态文明建设的投入，并用市场化的手段建立多元化的投融资机制，鼓励和支持社会资金投向生态文明建设。如建立产废付费制、完善水权和排污权交易、鼓励企业生态项目的银行信贷和设备租赁、建立生态文明建设投资基金、利用国际资本等，从而为江西省生态文明建设打造足够的资金池。

（四）抓住地方特色，破题生态文明建设新路子

综观全球，英国的“建设中心村”、美国的“郊区建设”、德国的“现代农村建设”、日本的“造町运动”和韩国的“新村运动”，现代化农村是各国生态文明建设中的重要环节，而水治理和生态低碳城市也是生态文明建设中必不可少的环节。各国生态文明建设从村庄、水、大气、城市等方面破题，全面取得生态文明建设的成果。国内各兄弟省份也结合当地特色走出了生态文明建设的新路子：贵州省在生态环境保护立法和执法上成为走在全国前列的排

头兵，生态文明贵阳国际论坛也成为中国具有国际影响力的、以生态文明为主题的国家级、国际性高端峰会，为贵州生态文明建设发声；福建省将“清新福建”打造成金字招牌，在管理制度、经济政策、综合治理上体制机制创新先试先行，成为全国为数极少的水、大气、生态全优的省份之一；云南省以“江河湖泊水资源综合治理”破题，在九湖水污染防治上成绩亮丽，成为国内江河湖泊水资源治理的典范；青海省以生态文化为灵魂，在草原、林地、湿地保护上取得了良好的成效，并积极培育了“大美青海”生态文化品牌；浙江紧紧抓住“绿水青山就是金山银山”的发展理念，积极打造“美丽乡村”，建设“绿色浙江”、“生态浙江”和“美丽浙江”。江西作为农业大省生态环境基础良好，经济发展水平落后，拥有丰富的水资源和森林资源，但公众生态意识落后，生态文明建设的经济支持力度有限，农民文化水平低和农村空心化严重，打造生态文明建设样板必须结合江西的现实情况，找出生态文明建设的破题关键，走出即具江西特色又能复制成功经验的新路子。

（五）立足江西资源禀赋，打造战略性新兴产业

英国、美国、德国在农村生态文明建设中突出保护农民的基本利益，通过多种手段和措施促进农业的机械化、信息化、生态化发展；日本有“一村一品”运动，韩国有“一社一村”支农惠农政策。这些案例无一不是告诉我们要实现农村的发展和现代化，必须首先发展好农业，通过农业发展联动第二和第三产业，从而实现城乡一体化的最终目标。贵州着力发展大数据、大健康、现代山地高效农业、文化旅游和新型建筑建材等五大新兴产业；福建紧紧抓住“低碳”和“循环”，把发展战略性新兴产业和高新技术产业作为加快转变经济发展方式的重要突破口；云南推进“高原粮仓、特色

经作、山地牧业、淡水渔业、高效林业、开放农业”6 大特色农业破解高原特色的农业现代化之路；浙江坚持绿色发展理念，以环保倒逼转型，将节能环保产业列为战略性新兴产业。江西作为农业大省，经济发展相对落后，但是拥有良好的生态优势和农产品资源优势，破除经济发展的难题必须以生态立省，坚定走生态经济发展的道路。以国家地理标志农产品为龙头，在保护好生态、提供优质农产品的同时，积极招商引资加强对农产品的广加工、深加工，形成系列生态名牌产品，利用良好的基础设施、地方文化和生态农庄发展农家乐、体验农庄等第三产业，促使三大产业齐发力，为江西生态文明建设插上腾飞的翅膀。

（六）加强生态文明建设的宣传教育，培育生态文化品牌

无论是国外还是国内，生态文明建设均离不开全社会的广泛参与。一方面政府通过制定法律和行政法规规范民众行为；另一方面通过政治民主、宣传教育保障公众的环境知情权、监督权和参与权，提高民众的环境保护理念。因此，在生态文明示范区建设过程中，政府必须意识到作为公共产品，优美的环境是公众应该享受的福利。而生态环境的保护必须引导、承认和肯定社会公众的广泛参与在环境保护中的作用。英美、日韩、新加坡等国都非常重视生态文明建设的宣传教育，在基础教育、全民环保意识培育、制度保障等方面向国民进行普及。贵州在传统村落保护和打造“多彩贵州”文化品牌上持续发力、“清新福建”已经成为福建在全国的靓丽名片、“七彩云南”品牌和保护行动深入人心、“大美青海”呈现出最美的生态文明色彩，“美丽浙江”沿袭着“绿色浙江”、“生态浙江”的生态文明建设理念。对于江西来说，一方面江西生态文明指数居全国前列，但经济发展水平落后，因此引导民众意识到生态保

护出经济效益从而激发广大人民的广泛参与是除法律保障、政府宣传和引导外的重中之重，另一方面江西生态文化需要一个有力的载体，响亮的口号，如何唱好“江西风景独好”的“独”字是培育江西生态文化品牌关键。

第三章

打造“江西样板”的基础条件与现实挑战

江西省历来高度重视生态建设与经济、政治、文化、社会建设融合发展，严格落实国家主体功能区规划，坚持资源节约集约利用，不断加大生态建设和环境保护力度，积极探索生态文明制度建设和体制机制创新，大力推进绿色循环低碳发展，生态文明建设取得显著成效。

一、已取得的显著成效

（一）国土空间优化开发格局初步形成

江西省坚持按照人口资源环境相协调、经济社会生态效益相统一的原则，确定了不同区域的主体功能，并据此明确开发方向，完善开放政策，控制开发强度，规范开发秩序，逐步形成了人口、经济、资源环境相协调的空间开发格局。先后出台了《江西省主体功能区规划》、《江西省新型城镇化规划（2013～2020）》、《鄱阳湖生态经济区规划》、《罗霄山片区区域发展与扶贫攻坚规划》、《关于支持赣东北扩大开放合作加快发展的若干意见》、《关于支持赣西经济转型加快发展的若干意见》、《昌九一体化发展规划》、《江西省吉泰走廊区域发展战略规划》等发展规划和意见，推动省内各地区严格按照主体功能区定位发展，构建科学合理的城镇化格局、产业发展格局、生态安全格局，给大自然留下更多的修复空间，给农业留下更多的良田，给子孙后代留下天蓝、地绿、水净的美好家园。努力走出一条具有江西特色的绿色发展新路子，推动发展中的江西青山常在、绿水长流，为建设美丽中国做出更大贡献。

（二）产业结构调整迈出积极步伐

绿色崛起的路径是绿色发展，绿色发展的关键是构建绿色产业体系。“十一五”以来，江西省立足省情，突出优势特色，加快推进产业结构优化调整，推动资源优势转化为产业优势，精准发力培育新的经济增长点，先后出台了《江西省现代农业体系建设规划纲要（2012～2020年）》、《中共江西省委、江西省人民政府关于推进旅游强省建设的意见》、《江西省电子商务产业发展规划（2014～2020年）》、《关于印发加快发展节能环保产业二十条政策措施的通知》、《江西省“十二五”能源发展规划》、《江西省十大战略性新兴产业发展规划（2013～2017年）》等规划和意见，加快发展特色生态农业、现代服务业、战略性新兴产业，改造提升优势传统产业，优化能源结构，进一步明确了产业发展方向和开发重点，形成了生态环境与经济社会和谐共生的发展格局。

生态农业产值占全省农业产值的比重不断提高，国家粮食主产区和绿色农产品基地地位得到进一步巩固，形成了“三区一片水稻生产基地”、“一片两线生猪生产基地”、“沿江环湖水禽生产基地”、“环鄱阳湖渔业生产基地”、“一环两带蔬菜生产基地”、“南橘北梨中柚果业生产基地”、“四大茶叶生产基地”，积极推进农业优势产业向优势区域集中，“生态鄱阳湖、绿色农产品”的品牌影响力和市场竞争力不断提升，绿色高效农业发展前景广阔。2014年服务业占全省生产总值的比重提高0.8个百分点，三大产业比由11.4∶53.5∶35.1调整到10.7∶53.4∶35.9，2015年前三季度，服务业增加值增长19.8%，电子商务交易额增长136.5%，旅游总人数、总收入分别增长23.3%、37.1%，精心打造“智慧旅游”，推动旅游强省建设，服务业在经济发展中的作用日益凸显，健康养老、卫生保健、体育健身等生活性服务业迎来蓬勃发展的新时期。战略性新型产业不断培育壮大，2014年战略性新型产业增加值增长11.3%，实现销售收入22565亿元人民币，对接“中国制造2025”，突出智能化、数字化，促进经济发展提质增效升级。传统产业转型升级步伐进一步加快，“十一五”以来，淘汰小火电机组169万千瓦、落后炼钢炼铁能力465万吨、落后水泥生产能力987.8万吨、落后煤炭产能212万吨，超额完成“十一五”淘汰落后产能的既定任务，核能、风能、太阳能等清洁能源逐步走进人们的视野，“万家屋顶”光伏发电示范工程加快推进。2015年，江西省水、风、光伏发电装机容量分别达到497万千瓦、100万千瓦、100万千瓦，生物质能利用规模210万吨标准煤，产业结构进一步优化调整。

（三）资源环境主要约束性指标全面完成

“十一五”期间，按照党中央、国务院的决策部署，江西省围绕大力推进鄱阳湖生态经济区建设，推动节能减排和环境保护工作，全面完成了“十一五”节能减排的目标任务。全省以能源消费总量年均8.2%的增幅，支撑了GDP年均增长13.2%、工业化率年均增长10.3%、城镇化率年均提高7.7%、人均GDP突破3000美元的快速发展；能源消费弹性系数由“十五”的0.97下降到“十一五”的0.62；二氧化硫和化学需氧量排放总量分别完成国家下达任务的130%和112%，全面完成“十一五”污染减排任务。“十一五”末耕地总面积达到308.5万公顷，超额完成耕地保有量282.53万公顷的目标，森林覆盖率由60.05%增至63.1%，均超额完成目标任务。

“十二五”以来，江西省万元GDP能耗降至0.613吨标准煤，累计完成“十二五”进度目标的54.87%，二氧化硫、化学需氧量、氨氮、氮氧化物排放总量分别达到56.77万吨、74.83万吨、9.1万吨、57.71万吨，单位地区生产总值二氧化碳排放量达到1.424吨/万元，节能减排相关指标均完成目标任务。全省主要河流及湖库Ⅰ~Ⅲ类水质断面（点位）比例达80.7%，城市集中式饮用水源地水质达标率100%；11个设区城市环境空气质量全部达到国家二级标准，且全省二氧化硫、二氧化氮和PM10浓度均值较上年有不同程度下降。万元工业增加值用水量从2010年的132立方米降至100立方米，累计完成“十二五”进度目标任务的69.1%。城镇污水集中处理率达到77.18%，城镇生活垃圾无害化处理率达到57.06%。近年来未发生重大环境污染和生态破坏事件。

（四）生态文化建设取得积极成效

人民群众对干净的水、清新的空气、优美环境的要求越来越高，生态环境质量在人民群众生活幸福指数中的地位不断凸显，环境问题日益成为重要的民生问题。“十一五”以来，江西省先后出台了《鄱阳湖生态经济区生态文化规划》、《江西省发展绿色建筑实施意见》、《江西省公共机构节能管理办法》等指导性文件和意见，大力促进生态文化发展，提高生态服务能力；先后举办了世界低碳与生态经济大会暨技术博览会、鄱阳湖国际生态文化节、景德镇国际陶瓷博览会等生态文化交流活动，打造高层次的文艺演出、文化交流、文化贸易展示平台。依托厚重的生态文化传统，深入挖掘地方特色生态文化，大力发展绿色文化，持续开展生态文明教育，创作了一大批优秀绿色题材作品，建设了一批绿色展览馆、体验馆和文化创意基地，把绿色发展理念融入工业、建筑、服装设计中，创建了“三清山林业生态文化旅游示范基地”，构建了游客喜爱的生态文化乐园和绿色家园；创作了实景歌舞《春江花月夜》、大型风情歌舞《赣风》、杂技剧《茶》、交响乐《鄱湖畅想》、瓷画作品《瓷话鄱湖》等一大批具有生态文化特色的艺术精品，借助海外华文媒体和网络媒体，对“江西风景独好”的旅游品牌宣传广告进行了整体策划和推介，形成了宣传生态法规，推进绿色文化传播，营造崇尚自然、爱好环境的绿色人文风尚。

开展绿色文化创建活动，充分调动社会各界参与的积极性和主动性，实施生态文明建设进学校、进社区、进机关、进农村、进公共场所等活动，创建了一批生态文明示范县，湾里、铜鼓、浮梁成功申报国家生态县（区）。引导人民群众树立绿色消费观，加大绿色产品开发力度，鼓励购买绿色消费品，尤其要促进绿色住宅消费，依托现有的山水脉络，把山、河、林、湖等生态元素融入城镇建设，使山水城融为一体，让居民望得见山、看得见水，记得住乡愁。萍乡市属“两老一枯竭”城市，地处赣江、湘江水系的分水岭地带，境内高低悬殊，且城区处于全市中央，四周山体围绕，容易遭受内涝困扰，萍乡市统一规划、设计、招标、施工，强化组织、制度、资金和技术保障，积极探索城市治水的新模式，因地制宜改善城市水文环境，推进新老城区融合发展，举全市之力建成独具江南特色的创新型海绵城市，使卫生环境、道路环境、人居环境明显提升，为“五年决战同步全面小康”增添强大绿色动力，为江西长远发展打牢绿色根基。

（五）生态文明制度建设更加健全完善

长期以来，江西省在推进“生态立省、绿色崛起”发展战略过程中，非常重视生态文明制度建设，积极探索促进生态环境与经济社会协调发展的长效机制。

1. 着力完善科学化的考核评价机制

从2013年开始，江西省对100个县市区实行差别化的分类考核，制定更加简明、管用的绿色考核指标体系，调动地方政府抓生态建设的主动性和积极性，进一步落实主体功能区规划，特别是完善绿色GDP指标体系，加强对发展质量和生态效益的考核，加大资源消耗、环境损害、生态效益等指标的权重，建立全省统筹生态监测机制，实事求是评价各地绿色发展的程度。把干部考核的重点向生态领域延伸，把干部选拔任用的焦点向绿色政绩聚光。总之要不断强化这样一种导向，发展好经济是政绩，保护好生态环境也是政绩，绝不让保护生态用功的地方吃亏，也绝不让牺牲环境换取发展的地方讨巧。

2. 加紧推进合理化的生态补偿机制

在生态资源的使用方面，让受益者付费、保护者得到合理补偿、损害者进行赔偿，合法合情合理。在对江西省重点流域生态补偿办法多次论证并实地调研的基础上，起草完成了《江西省重点流域生态补偿办法（征求意见稿）》。同时进一步提高生态公益林补偿标准，将纳入中央和省级补偿范围的5100万亩生态公益林的补偿标准由平均每亩17.5元提高到平均每亩20.5元，2015年4月已经下拨资金。同时参照中央《关于加快推进生态文明建设的意见》，研究出台了全省重点流域生态补偿办法，对森林生态补偿、湿地生态补偿、矿产资源开发生态补偿等也要积极探索，该试点的试点，该推进的推进。同时以江西生态文明先行示范区建设为平台，积极争取中央在产业政策、财税政策、转移支付等方面的倾斜支持，发挥“先行先试”的示范意义。

3. 积极推行市场化的资源交易机制

合理运用市场化手段，强化“生态有价”的观念，遏制生态环境破坏，调动生态建设的积极性。抓紧建立碳排放交易平台、排污权交易市场、南方林业产权交易市场等，开展排污权、水权、矿业权等交易试点，努力盘活生态资产，积极试水“环境金融”，开发绿色信贷、绿色保险等金融产品，吸纳更多的社会资金投入到生态文明建设中来。

4. 不断强化法治化的监督管理机制

将生态文明建设纳入法制化轨道，对环境问题突出、重大环境事件频发、环境保护不力的地方紧盯不放、监督实察，对群众反映强烈的环境污染事件要严肃处理，尽快解决。对领导干部严格实行责任追究制度，严格落实环境保护“党政同责”和“一岗双责”，把责任追究贯穿于决策、执行、监管等各个环节，对那些不顾生态环境盲目决策、导致严重后果的领导干部，都要进行终身追究。

二、面临的环境

（一）千载难逢的发展机遇

1. 国家战略叠加优势

党的十七大首次把“建设生态文明”写入党的报告，党的十八大将生态文明建设纳入社会主义现代化建设“五位一体”总体布局，要求把生态文明建设放在突出地位，融入经济建设、政治建设、文化建设和社会建设的各方面和全过程，努力建设美丽中国，实现中华民族的永续发展。2009 年 12 月 12 日，《鄱阳湖生态经济区规划》正式获国务院批复，建设鄱阳湖生态经济区上升为国家战略，建设鄱阳湖生态经济区，有利于探索生态与经济协调发展的新路子，有利于探索大湖流域综合开发的新模式，有利于加快构建国家促进中部地区崛起战略实施的新支点，有利于树立我国坚持走可持续发展道路的新形象。2012 年 6 月 28 日，国务院正式出台了《关于支持赣南等原中央苏区振兴发展的若干意见》，赣南等原中央苏区振兴发展上升为国家区域发展战略，支持赣南等原中央苏区振兴发展，是尽快改变贫困落后面貌，确保与全国同步实现全面建设小康社会目标的迫切要求；是充分发挥自身比较优势，逐步缩小区域发展差距的战略需要；是建设我国南方地区重要生态屏障，实现可持续发展的现实选择；是进一步保障和改善民生，促进和谐社会建设的重大举措。随着党的十八大精神的贯彻落实，全社会对生态文明的认识更加统一，生态文明相关制度将更加健全，在此背景下，2014 年 11 月 20 日，国家发改委、财政部、国土资源部、水利部、农业部、国家林业局正式批复《江西省生态文明先行示范区建设实施方案》。作为我国首批全境列入生态文明先行示范区建设的省份之一，《实施方案》的获批，标志着我省建设生态文明先行示范区上升为国家战略，成为我省继鄱阳湖生态经济区规划（包含 38 个县、市、区）和赣南等原中央苏区振兴发展（包含 54 个县、市、区）后的第三个国家战略，也是我省第一个全境列入的国家战略。积极推进《江西省生态文明现行示范区建设实施方案》，有利于进一步探索江西生态文明建设的有效模式，努力走出一条具有江西特色的生态文明建设新路子。江西纳入全国第一批生态文明先行示范区，是江西发展史上的又一次重大机遇。

“抓住用好对接国家战略的历史机遇，可助推江西抢占新一轮发展制高点，机不可失，时不再来。”2014 年江西省委十三届七次全会，提出了“发展升级、小康提速、绿色崛起、实干兴赣”的十六字方针，进一步在全社会营造了尊重自然、热爱自然、善待自然的良好生态氛围。十六字方针提出后，江西绿色崛起的脚步加快。2014 年，江西省成为首批全境被列入全国生态文明先行示范区建设的四个省份之一，这一战略使江西生态文明建设迈入了全国第一方阵，在江西省生态文明先行示范区建设启动大会上，江西省委书记强卫要求努力走出一条具有江西特色的生态文明建设新路子。2015 年初，江西省十二届人大四次会议闭幕时通过了《大力推进生态文明先行示范区建设的决议》，江西首次以代表大会决议案方式推动国家重大战略实施，在生态文明先行示范区建设的竞技场上，江西跳出了绿色发展的舞步。7 月江西省委十三届十一次全会明确了绿色崛起的核心要义、基本路径、重要基础、有力保障和根本目的，谋划绿色崛起的路线图，进一步深化细化了十六字方针。11 月江西省委在九江市武宁县召开全省生态文明先行示范区建设现场推进会，会议公布了江西省首批16个生态文明先行示范县（市、区）名单，并为之授牌。通过坚持不懈的努力，把生态文明建设摆在重要位置，江西省初步走出了一条生态保护与经济发展相协调的新路子。

2. 独特的区位优势

一是地理区位优势：江西省是唯一一个与中国最具经济活力的长三角、珠三角、闽东南经济圈相毗邻的省份，并纳入泛珠三角经济圈。在陆路交通通道上，江西省是连接长三角、珠三角的最便捷大通道，这是湘、鄂、皖三省所无法比拟的。过去江西是沿海的内地，现在是内地的前沿，过去“不东不西”的江西，实际上处在东西部地区进行产业、经济合作与交流的中转地带，是承东启西、贯通南北的交通枢纽。日益开放的江西正发挥着紧连粤闽浙、深延港澳台、融入全球化的独特区位优势，国家“一带一路”战略更是赋予了江西省“内陆腹地战略支撑”和南昌市“重要节点城市”的战略定位和历史使命。

二是市场区位优势：江西水、陆、空交通十分便利，随着高速公路等基础设施和配套工程的相继建成，江西不仅具备了进一步加快发展的条件，而且还与全国市场的连贯更加顺畅，“中部桥梁”的现代物流中心地位更加突出。经测算，以省会城市南昌为中心的6小时经济圈内拥有4.5亿人口，至少具有12万亿元工业品的消费潜力。江西这一位置在全国经济一盘棋上，对于建立内需型经济，满足国内市场需求而言，是其他经济地带所无法替代的。

三是投资环境优势：江西具有农业和工业全面发展的优越的自然条件和资源禀赋，生态环境良好，有一级的空气、一级的水，这是东西部其他省份所不具备的，西部农业发展条件差，生态环境脆弱，东部自然资源缺乏，而江西自然资源丰富，特别是全省正在全力推进绿色生态江西建设，在营造“投资成本最低、回报最快、效率最高、信誉最好”的投资环境方面取得了显著成效，形成了加快发展的良好氛围，正在成为投资创业者的集中地。

3. 绿色生态优势

绿色生态是江西最大的优势、最亮的品牌，《2014 中国省域生态文明建设评价报告》中江西生态文明建设的特点是：生态活力居全国领先水平，协调程度居全国上游，环境质量居于中上游，社会发展欠佳，在生态文明建设的类型上属于生态优势型。尤其是在生态力指标上，江西的森林覆盖率和建成区绿化覆盖率居全国前两位；森林质量、自然保护区的有效保护、湿地面积占国土面积比重居全国中游。2013 年全省地表水Ⅰ～Ⅲ类水质断面（点位）达标率 80.8%，设区市城区集中式饮用水源地水质达标率为 100%；南昌市空气质量优良率为 60.82%，其余 10 个设区市城市环境空气质量均稳定达到国家二级标准。主要湖库Ⅰ～Ⅲ类水质点位比例为 68.0%。2013 年末已建有自然保护区 188 个，其中国家级自然保护区 13 个；自然保护区总面积 1770.2 万亩，占全省土地面积 7.1%。深入开展净空、净水、净土行动。南昌市率先开展 PM2.5 监测，空气质量监控措施进一步强化，按照新标准，南昌市空气质量为超二级。其他设区城市空气质量按原标准全部达到国家二级。全省地表水监测断面水质达标率 80.8%。完成 14 个重金属污染源综合治理项目。

4. 风清气正的政治生态优势

为严格落实习近平总书记“着力推动作风建设”的重要要求，江西省采取有力措施全面从严治党，严格落实两个责任，全面启动了“三严三实”专题教育，继续深化“连心、强基、模范”三大工程，巩固了党的群众路线教育实践活动成果。出台了《关于加强作风建设营造良好从政环境的意见》，对全省各级党组织、各级领导干部提出20条明确要求，并组织了广泛宣讲，营造了“把纪律挺在前面”的浓厚氛围。始终保持反腐败斗争高压态势，对部分县市区和国有企业开展两轮巡视，增设了两个巡视小组并进行环保、扶贫两个专项巡视，保持了巡视工作对腐败分子的威慑效应。着力整治群众身边的腐败，基层党风廉政建设得到加强。同时，全面深化改革纵深拓展，法治江西建设步伐不断推进，思想舆论引导积极有效，团结奋进的社会大局持续发展，迈出了“五年决战同步全面小康”的坚实步伐。

（二）前所未有的严峻考验

1. 经济发展与环境保护的任务异常艰巨

江西省经济基础薄弱，面临着经济发展与环境保护的双重压力和任务。2014年江西省GDP总量在全国31个省份中排名第18位，人均GDP全国排名第20位。产业层次不高，产业结构调整难度较大，社会事业发展相对滞后，基本公共服务水平不高，城乡居民收入水平偏低，欠发达的省情尚未根本改变，与全国同步全面建成小康社会的任务十分艰巨，正处在加速发展的爬坡期，全面建成小康社会的攻坚期，生态建设的提升期，既面临着加快发展、做大总量、改善民生的重要任务，又肩负着保护好青山绿水、巩固好生态优势、维护国家生态安全的重要使命，经济发展与环境保护的任务十分艰巨。

江西省作为一个中部欠发达省份，受地形、交通、区位因素影响，生产力布局一般呈现北重南轻之势（大体以浙赣线为界），因而南北区域经济发展水平也存在着一定的差异（北部较发达，南部欠发达）。值得注意的是，近年来这一差异正呈现出逐渐扩大的趋势，这对江西生态文明整体建设带来了一定的困难。此外，江西为了确保粤港地区的饮水安全和南方生态安全屏障的建设做出了重大贡献，但是江西长期以来所承担的生态重任并没有得到有效的经济补偿，生态保护难以转化为经济效益。同时，随着城镇化进程的推进，某些地区的空气污染、水污染、农业面源污染等问题日益突出，这些问题的解决都必须要有资金上的大投入。因此，江西省面临的首要挑战就是如何将生态资源优势转化为经济发展优势，实现在保护中发展，在发展中促进保护。

2. 立足省情，实现江西省“绿色崛起”无先路可循

推进生态文明建设，关键是要用新思路、新举措来解决资源环境问题。西方发达国家曾经走过一条“先污染后治理、以牺牲环境换取经济增长、注重末端治理”的路子。实践证明，这条老路在中国走不通，也走不起。一些地方曾经就环保论环保，就污染谈污染，甚至重蹈“先污染后治理”的覆辙，结果付出了惨痛的环境代价。江西生态文明建设需要积极探索代价小、效益好、排放低、可持续发展的绿色崛起之路。

由于生态文明建设示范区样板建设是一个全新的概念，目前江西省根据其作为中部欠发达省份的基本省情，结合以往生态文明建设的经验，积极探索生态文明建设的新路子。同时，通过先行先试，形成可复制、可推广的生态文明建设“江西模式”，从而为实现“经济的中部崛起”提供可实施的有效样本。

面对兄弟省份，诸如福建、贵州、青海和云南等省份，同样作为全省生态文明建设示范区，如何抓住自身优势来进行生态文明建设，并变生态资源优势为经济发展优势，是摆在江西省各级政府面

前的严峻任务。建设生态文明先行示范区的目的，就是要以制度创新为核心任务，以可复制、可推广为基本要求，鼓励示范地区紧紧围绕破解本地区生态文明建设的瓶颈制约，先行先试、大胆探索，释放政策活力，树立先进典型，发挥示范引领作用，为全国生态文明建设积累有益经验，逐步将我国生态文明体制改革的蓝图变为现实，用实干走出一条具有江西特色的绿色崛起新路子。

3. 江西生态文明建设全国领跑，但地位并不稳固

随着“绿色”发展理念的重视和普及，“生态文明建设”的重大意义日渐凸显，它已经成为我国到2020年全面实现小康社会的一个不可轻视的内容。中共十八届五中全会审议通过了“十三五”规划建议稿，在生态文明建设领域，《中共中央关于制定国民经济和社会发展第十三个五年规划的建议》提出“生态环境质量总体改善”的目标和“绿色”发展的理念，为了加快建设资源节约型、环境友好型社会，形成人与自然和谐发展现代化建设新格局，推进美丽中国建设，河北、内蒙古、黑龙江、山东、江苏、甘肃、青海、陕西、四川、江西、贵州、重庆、广东、广西、湖南、浙江、福建等省份“十三五”规划建议近日陆续出台，分别在生态文明建设领域对上述目标理念的要求做出了结合当地实际的具体安排，推进生态文明建设。

江西的生态文明指数在全国排第六位。如果不考虑社会发展程度，江西的绿色生态文明指数位列全国第二。从指标上来看，江西有全国排名第二的森林覆盖率、城市建成区绿化覆盖率，还有比较大的自然保护区等。在环境质量和协调程度上，江西也都处在中上水平，江西的生态文明建设发展速度在全国比较快，属于生态文明建设领跑省份之一。生态是江西的优势和品牌，江西改革开放三十多年来的发展理念、发展战略，充分体现了生态文明建设尊重自

然、顺应自然、保护自然的核心要求。现阶段，江西正处在生态文明建设的提升期，面临着其他兄弟省份生态文明建设的良性竞争，贵州、福建、云南等省份也提出把改善环境特别是生态环境作为立省之本，推动低碳增长、绿色发展，探索生态文明建设规律。如果不加快转变经济发展方式，不采取更加有力有效的措施，江西省引以为豪的生态优势和绿色品牌优势地位，将有可能难以保持。

三、需要处理好的几对关系

虽然江西在生态文明建设方面做了些积极的探索，取得了一些显著成效。但是从总体上来说，当前江西的生态环境保护与生态文明建设的总体要求还有些差距，如何在全国生态文明建设中起到引领和示范作用，江西还需要正确处理好以下几大关系，全力助推生态文明示范区建设。

（一）经济发展与生态保护两者要协调发展

生态文明与经济发展是辩证统一的关系。离开生态文明单纯地去抓经济发展，不仅不会成功，反而会使经济发展远离既定的目标。同样，离开经济发展来谈生态文明，也不会有真正地发展。党的十八大将生态文明建设与经济建设、政治建设、文化建设和社会建设并列，明确了“五位一体”的中国特色社会主义事业总体布局，并将生态文明建设写进了党章。生态文明建设上升到党和国家的战略层面，也使生态文明建设融入经济建设等各方面工作。

随着人口增长和工业化、城市化的不断推进，对能源和原材料的需求量增多，江西省部分区域污染问题突出，治理任务繁重。省域内水质波动较大，湖泊生态修复、农村面源污染控制缺乏政策支撑，面源治理进展缓慢。流经城市的河流污染依然严重，部分集中式饮用水水源地和水库存在污染隐患。城市环境问题严重，环境基础设施建设滞后于城市发展。农村污染问题日趋突出，应对措施乏力。因此，江西生态环境面临建设和破坏并存的复杂状况，点源污染与面源污染共存，生活污染与工业污染叠加，制约了经济发展，影响了社会稳定。

江西省只有在生态保护方面深入推进，形成全社会性的环保、节能文化和行动，并与经济发展找到契合点、生长点，才能使政府与社会之间形成良性互动和沟通，引导民众共同参与、一起动手，落实科学发展的理念，从而使环保与发展、人类与自然之间，不是对立、对抗的关系，而是可以融合、共建、共赢和互助的关系。

（二）市场机制与政府调控两者要有机统一

在生态文明建设中，既要充分发政府调控作用，以弥补市场失效，也要发挥市场机制的决定性作用，以提高资源配置效率。江西省在生态建设和环境保护领域中，市场对资源配置起基础性的作用尚未充分发挥，引导、鼓励、支持公众参与和舆论监督的机制尚不完善，全社会特别是企业对生态和环境投入的积极性没有调动起来，从而制约了生态和环境投入的增长。因此，江西省在生态文明建设过程中面临如何在发挥政府导向作用的同时，极大地发挥市场在生态环境优势转化为经济发展优势过程中自我调控的问题。

生态环境是一种稀缺资源，如何提高其配置效率是政府的职责之一，因此生态保护是各级地方政府的职责所在。政府在生态文明建设中的作用是弥补市场失灵，促进可持续发展。政府可以通过深化财税体制改革，把高耗能、高污染产品及部分高档消费品纳入征收范围，并加快资源税改革，推动环境保护费改税，这对于转变发展方式、优化产业结构、建设生态文明具有促进作用。此外，资源利用效率不高往往是造成环境污染的根源，因此应当在政府的干预下建立健全能源、水、土地节约使用制度，有利于提高资源利用率，改善环境，提高生态保护质量。

利用市场机制解决生态保护问题，可以以较少的资金投入达到改善环境质量的目的，比如使用资源付费和谁污染谁付费等措施。另外，发展生态环保市场，推行环境污染的第三方治理，对于扭转“生态保护靠政府”的认识有着重要作用。

完善污染物排放许可制，推行节能量、碳排放权、排污权、水权交易制度，是利用市场机制的重要方面，可以发挥公共财政资金的“种子”作用，引导社会资本投入生态环境保护领域。

只有加强生态文明建设，实现资源的可持续利用和生态环境的良性循环，才会有民生的不断改善，实现在生态文明建设中改善民生，在改善民生中保护环境，走出一条生产发展、生活富裕、生态良好的文明发展新路子。在生态文明建设纳入“五位一体”总布局的今天，江西省应当积极探索生态文明建设的新做法，积累经验，更好地为经济发展服务。

（三）重点突破和整体推进两者要有机结合

江西作为农业大省和重要的矿产资源产地，为保障国家粮食安全和资源安全做出了巨大贡献。但是，长期以来，由于工业化程度较低、生产方式较为粗放，部分农业、果业种植地区，一些矿产资源主要产地，面临着较为严重的农业面源污染、重金属污染、植被破坏和次生地质灾害等生态环境问题，局部地区和领域生态功能退化严重，一些严重的地方还可能面临着不可逆转的环境风险，加大环境治理和生态保护的任务非常繁重。因此江西生态文明建设首先要立足于当前的生态实际情况，从制约生态环境最突出的症结、人民群众反映强烈的突出问题改起，以重点领域和关键环节的突破带动生态文明建设的整体推进。

江西省经过多年的环境保护和绿色发展实践，已经在绿色产业绿色工程、绿色制度、绿色品牌和绿色文化等方面形成了各具特色的样板和典型，打造了一批国家级、省级、市级、县级生态文明建设示范样板，要善于总结、归纳出可学习、可复制的示范典型经验，以点为基，串点成线、连线成片，形成星星之火可以燎原的生态文明建设先进经验，大力推广。推动打造出各具特色的生态文明建设亮点工程。同时也要围绕破解生态文明建设的“瓶颈”制约因素，先行先试、大胆探索，形成有利于生态文明建设的利益导向机制，着力解决空气、水、土壤等方面群众反映强烈的突出环境问题，真正实现青山常在、绿水长流、空气常优。

第四章

打造“江西样板”的实践探索

本章结合江西省各县（市）在生态文明建设中的实践，分别从经济、生态、民生、文化和制度五个方面总结了江西省生态文明建设过程中取得的经验，最后归纳了尚待解决的问题，为打造生态文明江西样板的路径选择提供了借鉴。

一、调查样本的描述

（一）样本选择

本章首先选取了南昌市、景德镇市、萍乡市、九江市、新余市、鹰潭市、赣州市、吉安市、宜春市、抚州市和上饶市作为样本，比较了这些地区在生态经济、生态环境、生态人居、生态文化和生态制度五个方面的差异，这些差异决定了不同地区可以探索不同的生态文明建设路径，最终达到殊途同归。然后从生态经济、生态环境、生态人居、生态文化和生态制度五个方面总结了各地区生态文明先行示范县相对其他非示范县在生态文明建设方面的成功经验。最后从县域的视角剖析了江西省在生态文明建设方面存在主要问题。

（二）生态经济指标

分别用经济质量和产业结构来衡量生态经济。其中经济质量用人均 GDP、城乡收入比例来表征，产业结构用第三产业占 GDP 比重和战略性新兴产业值占 GDP 比重来表征。

人均 GDP 是表明经济增长最合适的指标之一，由地区 GDP 值除以地区人口数量得到。第三产业占 GDP 比重反映了金融、运输、餐饮住宿等服务业占地区 GDP 的比重，由第三产业产值除以地区生产总值得到。战略性新兴产业产值占 GDP 比重，由节能环保、新能源、新材料、生物和新医药、航空产业、先进装备制造、新一代信息技术、锂电及电动汽车、文化暨创意、绿色食品等十大产业产值除以地区生产总值得到。

从图 4 - 1 中 2013 年人均 GDP 对比来看，新余、南昌和鹰潭处在第一梯队，赣州的人均 GDP 最低。其中，新余人均 GDP 为 73275 元，南昌人均 GDP 为 64678 元，鹰潭人均 GDP 为 48541 元，而赣州的人均 GDP 仅为 19768 元，省内差异明显。生态文明是建立在生态经济基础上的，生态经济的地区差异决定了生态文明建设模式也应因地制宜。

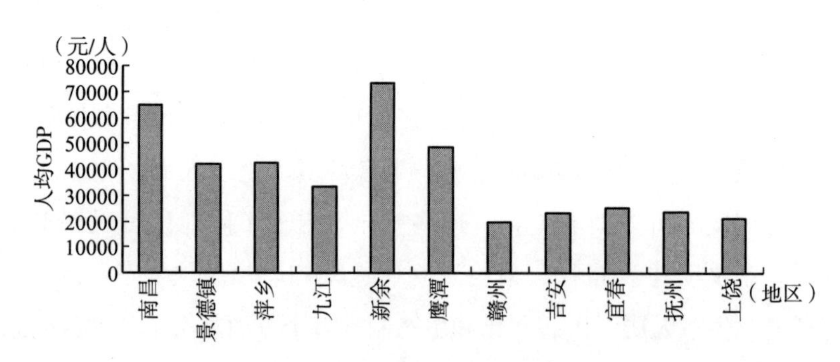

图 4 - 1　人均 GDP 对比

数据来源：江西省统计年鉴。

图4－2表明各地区城乡收入比多数处于2.5∶1的水平，赣州处于3.5∶1的水平，说明赣州的城乡差距相对其他地区较大。由于江西农村贫困人口主要居住在赣州地区，这导致了赣州地区城乡收入比显著高于其他地区。如何在生态文明建设中帮助这部分人摆脱贫困，是赣州地区生态文明建设中亟待解决的问题。

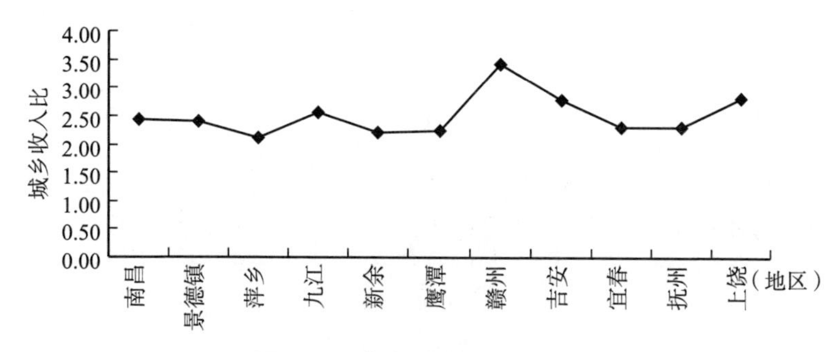

图4－2　年各地区城乡收入比

数据来源：江西省统计年鉴。

图4－3则表明南昌、赣州、九江和新余等地的第三产业较发达。从第三产业构成来看，南昌和赣州以金融服务业为主，鹰潭和抚州以交通运输业为主，而九江和新余则以住宿和餐饮业为主。在生态文明建设中，各地区应根据各自的产业基础选择合适的第三产业，打造区域性的金融中心、交通枢纽、商品集散地、旅游胜地等。

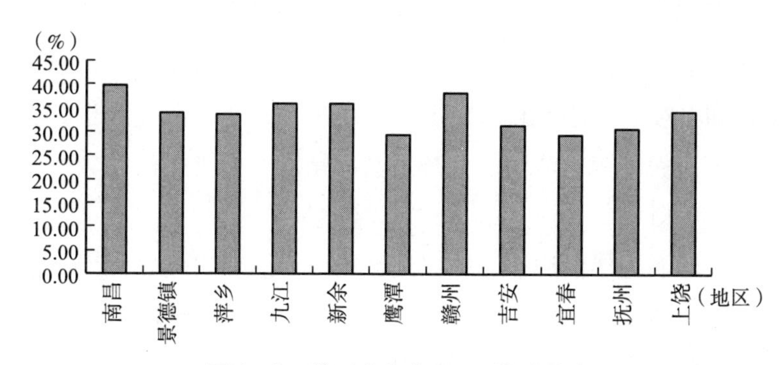

图4－3　第三产业占GDP比重对比

数据来源：江西省统计年鉴。

从图 4 -4 可知各地均发展了战略性新兴产业。鹰潭的战略性新兴产业产值对地区 GDP 贡献最大，其次是新余和宜春。这三个地区都将新材料产业作为主导产业，另外新余的光伏产业也形成了一定规模，和上饶、九江的光伏产业形成了三足鼎立之势。

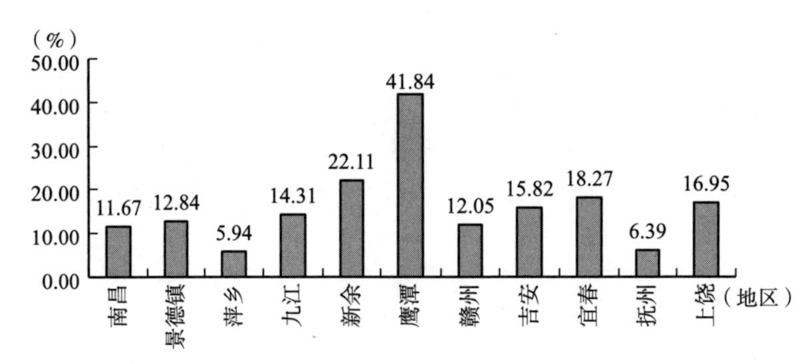

图 4 -4 战略性新兴产业值占 GDP 比重

数据来源：江西省统计年鉴。

(三) 生态环境指标

用资源能源节约利用和生态建设与环境保护来衡量生态环境。其中，水资源利用率、万元工业增加值用水量、单位 GDP 能耗来表征资源能源节约利用，生态建设和环境保护用林地保有量、森林覆盖率、废水排放量、不达标工业废水排放量、城镇生活污水中化学需氧量产生、去除及排放情况、城镇生活污水中氨氮产生、去除及排放情况、城镇生活污水处理厂基本情况、全省生活垃圾实际处理量来表征。

水资源利用率由用水量除以地区水资源总量得到。万元工业增加值用水量由工业用水量除以工业增加值得到。单位 GDP 能耗反映了能源消费水平和节能降耗状况，由一次能源供应总量（吨标准煤）除以地区生产总值得到。林地保有量是指某个时间点上已登记或处于在用状态的林地占用面积，包括成片的天然林、次生林和人工林覆盖的土地，也包括用材林、经济林、薪炭林和防护林等各种林木的成林、幼林和苗圃等所占用的土地。森林覆盖率指一个国家或地区森林面积占土地面积的百分比，是反映一个国家或地区森林面积占有情况或森林资源丰富程度及实现绿化程度的指标。

在水资源利用率方面，南昌水资源利用率达到了50.32%，新余水资源利用率达到了35.66%，萍乡和宜春的水资源利用率分别达到了26.70%和25.85%，而赣州和上饶水资源利用率仅为12.01%和13.66%，可见经济较发达的地区水资源利用率较高，而欠发达地区水资源利用率较低。总体来看，各地区水资源还有待开发，水资源利用率还有很大的提升空间（见图4-5）。

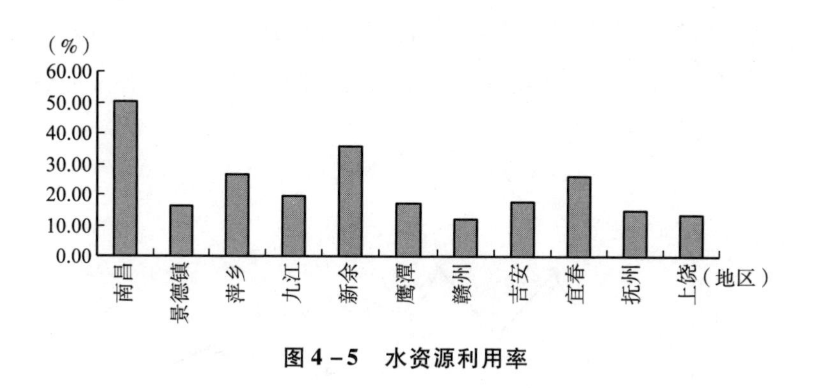

图4-5　水资源利用率

万元工业增加值用水量反映了各地区规模以上工业企业对水资源的利用效率。其中，抚州、上饶和南昌工业企业水资源利用效率较高，每万元工业增加值用水量分别为48.60立方米、57.20立方米和63.13立方米。宜春工业企业水资源利用效率最低，每万元工业增加值用水量达到了226.78立方米。宜春、九江和吉安等地工业节水仍然任重道远（见图4-6）。

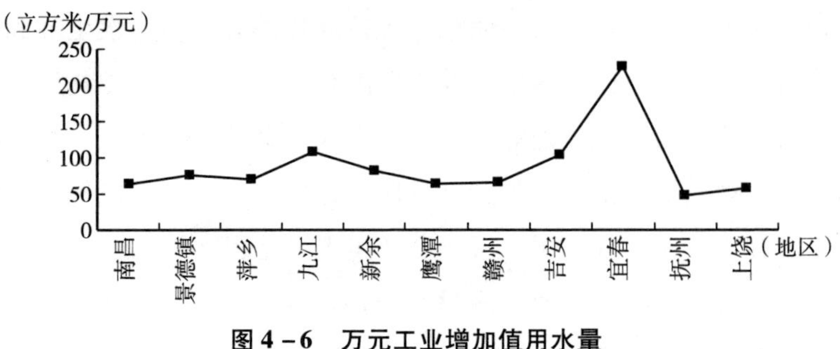

图 4－6　万元工业增加值用水量

从图 4－7 中可以看出，11 个地区在能源利用效率方面可分为三个梯队。其中南昌、吉安、鹰潭、赣州、抚州和上饶每亿元地区生产总值消耗能源折合标准煤当量在 0.35 万～0.45 万吨之间；景德镇、宜春和九江每亿元地区生产总值消耗能源折合标准煤当量在 0.5 万～0.7 万吨之间；萍乡和新余每亿元地区生产总值消耗能源折合标准煤当量在 1 万吨以上。能源效率低的地区在生态文明建设中应该做好节能降耗工作。

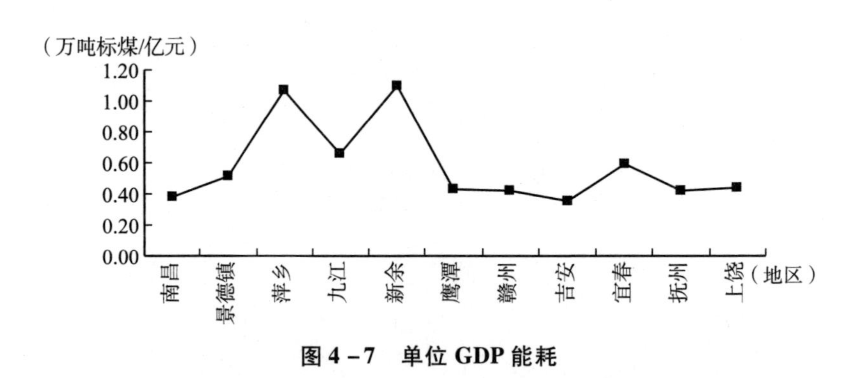

图 4－7　单位 GDP 能耗

图 4－8 和图 4－9 给出了各地区的森林资源禀赋。其中从林地保有量来看，赣州、吉安、上饶和抚州具有一定的比较优势，其中赣州具有绝对优势，而景德镇、萍乡和宜春的森林覆盖率也都达到

了60%以上。在生态文明建设中，如何将这一比较优势转化为竞争优势，是这些地区值得思考的问题。

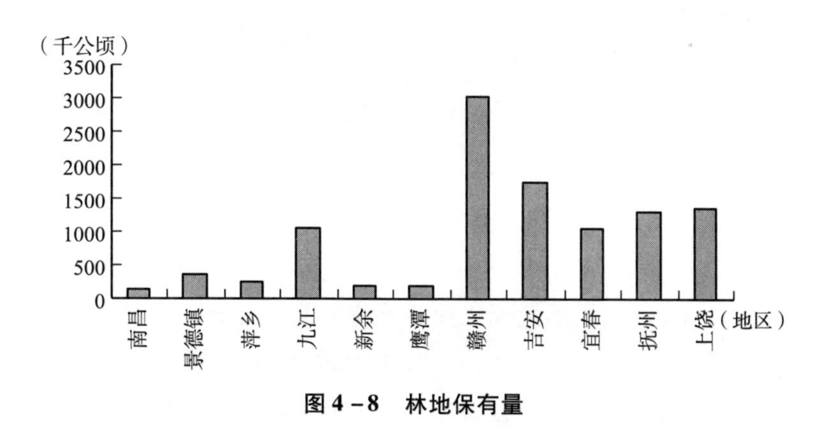

图4-8 林地保有量

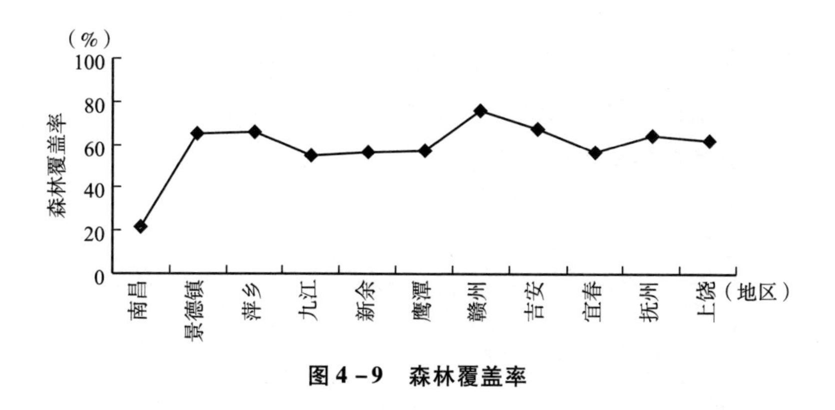

图4-9 森林覆盖率

2015年，江西省废水排放总量223232万吨，比2014年增加了14943万吨，增长了7.17%。工业废水排放量76412万吨，比2014年增加了11556万吨，增长17.82%。其中，工业废水排放量占废水排放总量的34.23%。城镇生活污水排放量146450万吨，比2014年增加了331万吨，增长2.36%。图4-10给出了2015年各地区废水排放量，废水排放量较大的设区市依次为南昌市、赣州市和九江市。

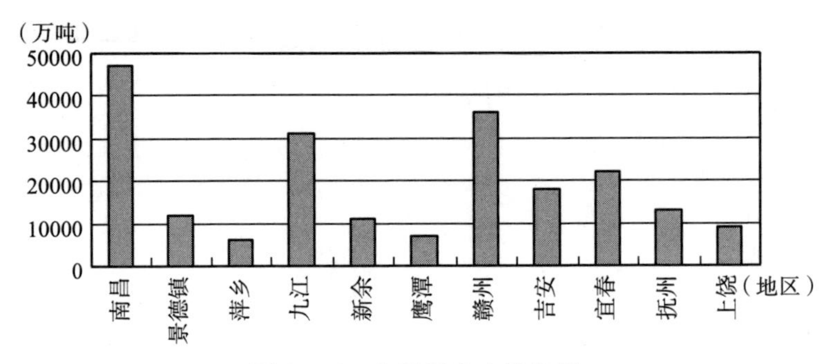

图 4－10　各地区废水排放量

图 4－11 给出了不达标工业废水排放量。赣州、南昌、九江和新余都是不达标废水排放大户，其中在 2013 年赣州排放了 1064 万吨不达标工业废水，南昌排放了 596 万吨不达标工业废水，九江排放了 535 万吨不达标工业废水，吉安和新余分别排放了 503 万吨和 460 万吨不达标工业废水。赣州、吉安等地区工业总产值相对较低，但污水排量大，在生态文明建设中需要通过调整和优化产业结构来提高生态环境的投入产出比。

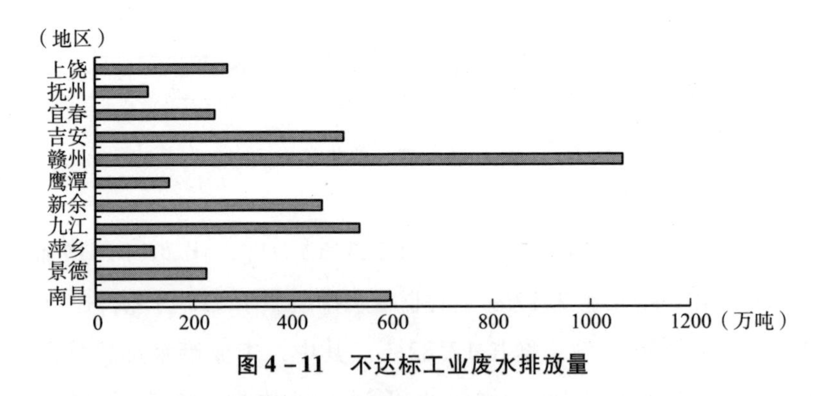

图 4－11　不达标工业废水排放量

2015 年，城镇生活污水排放量 14.65 亿吨，生活污水处理量 10.94 亿吨。全省城镇生活污水中化学需氧量和氨氮产生、去除及排放情况如表4－1所示。由表4－1可以看出，2015年，全省城镇生活污水中化学需氧量产生量最多的依次是南昌、赣州和九江，分别产生了98134吨、94243吨和80152吨。全省城镇生活污水中化学需氧量排放量最多的依次是赣州、上饶和宜春，依次排放了75936吨、52195吨和43185吨，化学需氧量去除效率最高的依次为南昌、九江和新余，去除效率分别为57.66%、46.78%和40.95%。

表4－1　2015年江西省城镇生活污水中化学需氧量产生、去除及排放情况

名称	化学需氧量（吨）			效率（%）
	产生量	去除量	排放量	
江西省	572996	176456	396540	30.80
南昌	98134	56582	41551	57.66
赣州	94243	18307	75936	19.43
九江	80152	37493	42659	46.78
上饶	68478	16282	52195	23.78
吉安	50518	11396	39123	22.56
抚州	49494	10492	39002	21.20
宜春	47774	4589	43185	9.61
萍乡	27428	5142	22286	18.75
景德镇	23988	6340	17645	26.43
新余	19822	8117	11705	40.95
鹰潭	12966	1716	11251	13.23

资料来源：《江西省环境统计年报》。

从表4－2可以看出，2015年全省城镇生活污水中氨氮产生量最多的依次是赣州、南昌和上饶，依次产生了11430吨、10838吨和7888吨；全省城镇生活污水中氨氮排放量最多的依次是赣州、上饶和南昌，分别排放了9164吨、6286吨和6098吨。氨氮去除效率最高的依次为南昌、新余和抚州，去除效率分别为43.74%、41.07%和26.62%。

表4－2　2015年江西省城镇生活污水中氨氮产生、去除及排放情况

名称	氨氮（吨）			效率（%）
	产生量	去除量	排放量	
江西省	63793	16446	47347	25.78
赣州	11430	2266	9164	19.83
南昌	10838	4741	6098	43.74
上饶	7888	1603	6286	20.32
宜春	7126	1797	5330	25.22
九江	6234	998	5236	16.01
吉安	5561	1076	4485	19.35
抚州	5112	1361	3751	26.62
萍乡	3200	812	2388	25.38
景德镇	2735	652	2083	23.84
新余	2128	874	1253	41.07
鹰潭	1540	266	1274	17.27

资料来源：《江西省环境统计年报》。

表4－3给出了2015年江西省城镇生活污水处理厂基本情况。

2015 年，全省城镇生活污水处理厂 197 家，比上年增加了 30.46%。全省城镇生活污水处理厂设计处理能力 422.15 万吨/日，比上年增加了 15.41%；全省城镇生活污水处理厂运行费用 90012 万元，比上年增加了 12443 万元。全省城镇生活污水处理厂最多的是宜昌，为 31 家；其次是上饶，为 29 家；之后是南昌，为 26 家。全省城镇生活污水处理厂增长速度最快的是上饶，增长率为 81.25%；其次为南昌，增长率为 73.33%；鹰潭增长率为 66.67%，位居第三。

2015 年，全省城镇生活污水处理厂污水实际处理量为 118299 万吨，比 2014 年增长了 10.33%，除萍乡市污水实际处理量下降外，其余市污水处理量均有不同程度的增长，其中鹰潭增幅最大，高达 52.76%；其次为吉安和上饶，增幅均超过了 20%。

表 4-3　　2015 年江西省城镇生活污水处理厂基本情况

名称	数量（家）	同比增长（%）	设计处理能力（万吨/日）	同比增长（%）	运行费用（万元）	同比增长（%）
江西省	197	30.46	422.15	15.41	90012	16.04
南昌	26	73.33	117.44	1.53	18332	-4.13
景德镇	4	0.00	16.00	0.00	4384	37.77
萍乡	5	0.00	12.75	6.25	2807	6.16
九江	25	19.05	47.67	22.26	10764	19.20
新余	12	33.33	20.64	5.68	4862	6.00
鹰潭	5	66.67	15.00	100.00	2165	48.39
赣州	24	4.35	45.65	5.79	11653	3.61
吉安	18	0.00	22.65	-8.11	12010	145.50
宜春	31	40.91	37.16	8.69	7844	8.21
抚州	18	20.00	36.75	33.64	6047	-1.90
上饶	29	81.25	50.44	89.55	9144	14.39

资料来源：《江西省环境统计年报》。

图4－12给出了全省垃圾处理厂的数量。垃圾处理厂最多的是赣州，为21家；其次是九江，为13家；然后是抚州和吉安，为11家。相对2014年，2015年各地区垃圾处理厂数量变化较小。从表4－4可以看出，2015年全省垃圾实际处理量532.27万吨，比上年降低了8.03%。垃圾实际处理量最多的依次是赣州、南昌和宜春，分别处理了100.28万吨、96.5万吨和66.94万吨。尽管南昌的垃圾处理厂较少，但南昌的垃圾实际处理量位列全省前茅，由此看出，南昌的垃圾处理厂规模较大。

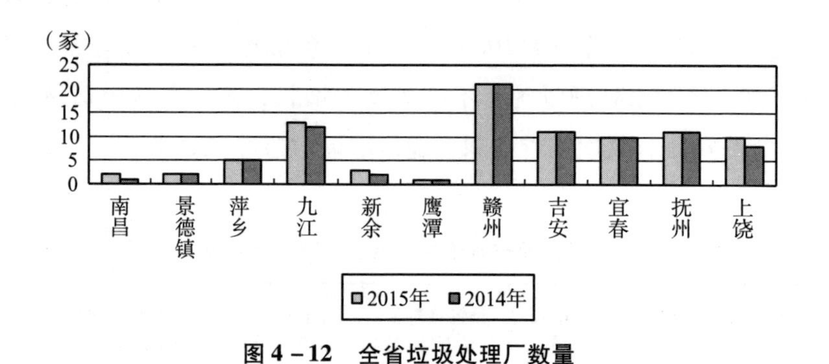

图4－12　全省垃圾处理厂数量

表4－4　江西省生活垃圾实际处理量

名称	2015年（万吨）	2014年（万吨）	变化率（%）
江西省	532.27	578.73	－8.03
赣州	100.28	118.02	－15.03
南昌	96.50	91.25	5.75
宜春	66.94	131.83	－49.22
上饶	59.19	43.00	37.65
抚州	43.82	42.24	3.74
吉安	40.37	40.31	0.15
九江	36.97	25.28	46.24

续表

名称	2015 年（万吨）	2014 年（万吨）	变化率（%）
萍乡	25.91	28.62	-9.47
新余	24.40	21.10	15.64
景德镇	22.88	22.08	3.62
鹰潭	15.00	15.00	0.00

资料来源：《江西省环境统计年报》。

（四）生态人居指标

从水质达标率和大气环境两方面来衡量生态人居指标。大气环境用空气质量级别、优良天数比例和生活污染废气排放量来表征。水质达标率由 194 个监测断面数据得到。2014 年主要河流 1～3 类水质断面比例为 83.8%，修河和东江水质为优，其他河流水质良好，鄱阳湖水质轻度污染。水质污染物为总磷和总氮。相比 2013 年的水质，除赣江、修河、东江、仙女湖外，其他河流湖泊水质均未得到明显改善，鄱阳湖水质点位比例由 58.8% 下降到了 41.2%（见图 4-13）。

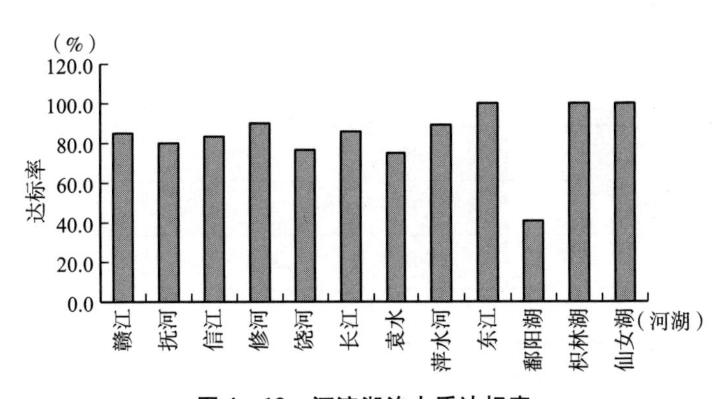

图 4-13　河流湖泊水质达标率

表4－5的数据来源于江西省环保厅。南昌、九江大气质量为超二级，其余9个地区为二级，与2013年相比，各地区空气质量总体稳定。其中，景德镇空气二氧化硫含量达到了一级标准，其他10个地区达到二级标准，11个地区空气二氧化氮含量均达到了一级标准。南昌和九江空气中可吸入颗粒物含量超过二级标准外，其余9个地区均达到了二级标准。2014年南昌空气质量优良天数为294天，优良天数比例为80.5%；九江空气质量优良天数为308天，优良天数比例为84.4%。空气中的主要污染物为PM2.5和PM10。

表4－5　省内各地区大气环境对比

地区	2014年		2013年	
	空气质量级别	优良天数比例（%）	空气质量级别	优良天数比例（%）
南昌	超二	80.5	超二	60.82
景德镇	二	90.9	二	99.7
萍乡	二	99.2	二	98.6
九江	超二	84.4	二	93.7
新余	二	89.6	二	100
鹰潭	二	99.7	二	100
赣州	二	98.1	二	100
吉安	二	99.2	二	100
宜春	二	95.9	二	99.7
抚州	二	98.1	二	98.6
上饶	二	98.1	二	99.2

资料来源：江西省环保厅。

全省降水 pH 年均值为 5.09，除宜春外的 10 个地区降水 pH 年均值均低于 5.60。全省城市酸雨频率为 65.8%，酸雨频率大于 80% 的地区有南昌、景德镇、萍乡、鹰潭、赣州和抚州。与上年相比，全省降水 pH 年均值上升了 0.18，酸雨频率下降 10.6 个百分点，酸雨污染略有减轻。

2015 年，全省二氧化硫排放量 12391 吨，其中，宜春二氧化硫排放量 3909 吨，占全省排放量的 31.55%；九江二氧化硫排放量 3187 吨，占全省排放量的 25.72%；赣州二氧化硫排放量 1384 吨，占全省排放量的 11.17%；其余地区二氧化硫排放量占全省二氧化硫排放量的比例均低于 10%；二氧化硫排放量最低的是鹰潭，占总排放量的 0.11%（见表 4－6）。2015 年，全省氮氧化物排放量 3853 吨，排放量最多的依次为九江、宜春和景德镇，各排放了 2237 吨、474 吨和 360 吨，占全省氮氧化物排放量的比例依次为 58.06%、12.30% 和 9.34%。2015 年全省烟尘排放量 8890 吨，排放量最多的是宜春，占全省烟尘排放量的 47.83%，其次是九江，占全省烟尘排放量的 26.07%，烟尘排放量第三的是上饶，占全省烟尘排放量的 6.03%。

表 4－6　　江西省生活污染废气排放量

名称	二氧化硫排放量（吨）	比例（%）	氮氧化物排放量（吨）	比例（%）	烟尘排放量（吨）	比例（%）
江西省	12391	100.00	3853	100.00	8890	100.00
宜春	3909	31.55	474	12.30	4252	47.83
九江	3187	25.72	2237	58.06	2318	26.07
赣州	1384	11.17	203	5.27	108	1.21
吉安	1034	8.34	102	2.65	282	3.17
上饶	1003	8.09	174	4.52	536	6.03

续表

名称	二氧化硫排放量（吨）	比例（%）	氮氧化物排放量（吨）	比例（%）	烟尘排放量（吨）	比例（%）
抚州	728	5.88	91	2.36	455	5.12
景德镇	480	3.87	360	9.34	240	2.70
萍乡	243	1.96	95	2.47	142	1.60
新余	227	1.83	43	1.12	326	3.67
南昌	182	1.47	57	1.48	215	2.42
鹰潭	14	0.11	17	0.44	15	0.17

资料来源：江西省环境统计年报。

（五）生态文化指标

用公民生态行为和生态文明教育衡量生态文化。其中，公民的生态行为用绿色消费行为程度、公众节能、节水意识程度、公共交通出行比例、城市生活垃圾分类达标率来表征。生态文明教育用生态文明宣传教育普及率、党政干部参加生态文明培训比率、中小学生态环境教育课时比例①。

绿色消费是指一种适度节制消费，是以保护消费者健康权益为主旨，以保护生态环境为出发点，符合人的健康和环境保护的各种消费行为和消费方式的统称。公众节能、节水意识程度是公众对于节能和节水方面的意识程度大小，通过对民众的调研，让其主观打分（1～100分）得到。公共交通出行比例是指辖区内乘坐地铁、公共巴士、专营的士等公共交通工具出行的人数占该区以机动车形式出行人数的比例。城区居住小区生活垃圾分类达标率指城区居住

① 生态文化指标的数据引自孔凡斌教授2014年江西省经济社会发展重大招标课题《江西省国家生态文明先行示范区建设评价指标体系研究》，在此特别表示感谢。

小区生活垃圾分类达标的小区占小区总量的比例。生态文明宣传教育普及率指辖区内长期开展生态文明知识宣传（包括公益宣传、科普教育、知识讲座）的行政单元（社区、行政村）占辖区内行政单元总数的比例。党政干部参加生态文明培训比例指参加生态文明专题培训的党政干部人数与总人数的比例。生态环境教育课时比例指辖区内义务教育（小学、初中）每学期生态环境保护教育课时占学期全部课时比例与领导干部培训（党校、行政学院）每学期生态环境保护教育课时占学期全部课时比例的平均值。

从表4－7中可以看出景德镇和新余公众的绿色消费程度较高，而赣州和上饶公众的绿色消费程度较低。各地区公众节能、节水意识的程度普遍较高，其中南昌居民节能和节水意识最高。从公共交通出行比例来看，南昌和景德镇公众选择公共交通出行的比例较高，而抚州和上饶公众选择公共交通出行的比例较低。城市生活垃圾分类达标率普遍偏低，其中南昌达标率高于其他城市，赣州和新余达标率最低。各地区在生态文明宣传教育普及方面差距较大，其中赣州市达到了95%，而鹰潭仅有39%。各地区在党政干部参加生态文明培训方面差距不大，比例最高的南昌达到了90%，比例最低的赣州达到了87%。在生态环境教育方面，相关课时比例最高的新余达到了81.33%，比例最低的赣州达到了61.32%。

表4－7　各地区生态文化指标

地区	绿色消费程度	公众节能、节水意识程度	公共交通出行比例（%）	城市生活垃圾分类达标率（%）	生态文明宣传教育普及率（%）	党政干部参加生态文明培训比例（%）	生态环境教育课时比例（%）
南昌	6.05	97	52	20	75	90	67.12
景德镇	10.22	93	51	19	55	89	79.60

续表

地区	绿色消费程度	公众节能、节水意识程度	公共交通出行比例（%）	城市生活垃圾分类达标率（%）	生态文明宣传教育普及率（%）	党政干部参加生态文明培训比例（%）	生态环境教育课时比例（%）
萍乡	8.50	91	50	18	55	89	74.32
九江	5.43	95	49	19	65	89	66.25
新余	10.36	94	48	17	50	88	81.33
鹰潭	7.40	95	48	19	39	89	73.33
赣州	3.89	95	49	17	95	87	61.32
吉安	9.22	92	47	18	85	88	77.54
宜春	8.04	93	48	18	92	89	73.45
抚州	7.09	93	46	18	78	88	70.26
上饶	4.24	95	46	19	69	89	62.74

（六）生态制度指标

用生态建设和生态考核衡量生态制度。其中，生态建设用环保治理项目投资、工业废水治理项目投资、生态环保投入占财政支出比例、研发经费占 GDP 比重来表征，生态考核用生态文明建设工作占党政实绩考核比例来表征。

环保治理项目投资指为了环境保护治理而建设的环保项目和投入的资金，包括当年完成环保验收项目数、当年完成环保验收项目总投资额。工业废水治理项目投资包括企业本年施工数、本年完成投资额和至本年底累计投资额项目。生态环保投入占财政支出比例指在经济发展过程中用于生态环保的财政支出占政府财政总支出的比例。研发经费占 GDP 比重指在产品、技术、材料、工艺、标准的研究、开发过程中发生的各项费用占 GDP 数额的比重。生态文明建设工作占党政实绩考核比例指地方政府党政干部实绩考核评分标准中生态文明建设工作所占的比例。该指标考核的目的是推动创建地区将生态文明建设纳入党政实绩考核范畴，通过强化考核，把生态文明建设工作任务落到实处。

从表 4－8 可以看出，2015 年江西省完成环保验收项目 2153 个，当年完成环保验收项目总投资额 13047711 万元。当年完成环保验收项目最多的是赣州，当年完成环保验收项目投资额占全省总投资额的 11.76%；当年完成环保验收项目第二的是九江，当年完成环保验收项目投资额占全省总投资额的 17.76%；当年完成环保验收项目第三的是南昌，当年完成环保验收项目投资额占全省总投资额的 21.56%；当年完成环保验收项目最少的是鹰潭，仅占全省总投资额的 0.90%。2015 年工业废水治理项目投资中，本年完成投资最多的是九江，占全省本年完成投资的 73.39%；其次为南昌，占全省本年完成投资的 14.92%。其余市相对较少。从工业废水治理项目投资本年施工数来看，九江和宜春施工数最多，为 8 个；其次是南昌、鹰潭、赣州和上饶，为 5 个。全省至 2015 年底累计投资为 47396 万元，其中，九江 32855 万元，占全省总额的 69.32%；其次为南昌，占全省总额的 14.12%。

表 4－8　江西省环保治理项目投资和工业废水治理项目投资

名称	环保治理项目投资		工业废水治理项目投资		
	当年完成环保验收项目数（个）	当年完成环保验收项目总投资（万元）	企业本年施工（个）	本年完成投资（万元）	至本年底累计投资（万元）
江西省	2153	13047711	42	44770	47396
南昌	284	2813577	5	6680	6692

续表

名称	环保治理项目投资		工业废水治理项目投资		
	当年完成环保验收项目数（个）	当年完成环保验收项目总投资（万元）	企业本年施工（个）	本年完成投资（万元）	至本年底累计投资（万元）
景德镇	47	136482	1	110	110
萍乡	146	283170	1	210	210
九江	330	2317460	8	32855	32855
新余	89	550046	1	300	2814
鹰潭	39	117338	5	288	288
赣州	421	1534348	5	1039	1039
吉安	116	365687	2	184	184
宜春	225	1191159	8	1996	2096
抚州	178	2009550	1	45	45
上饶	144	594222	5	1063	1063

资料来源：《江西省环境统计年报》。

图4-14显示在生态环保投入方面，新余投入的相对力度最大，占到了财政总支出的8.59%，其次是上饶和宜春，生态环保投入分别占到财政总支出的2.71%和2.36%，萍乡生态环保投入的

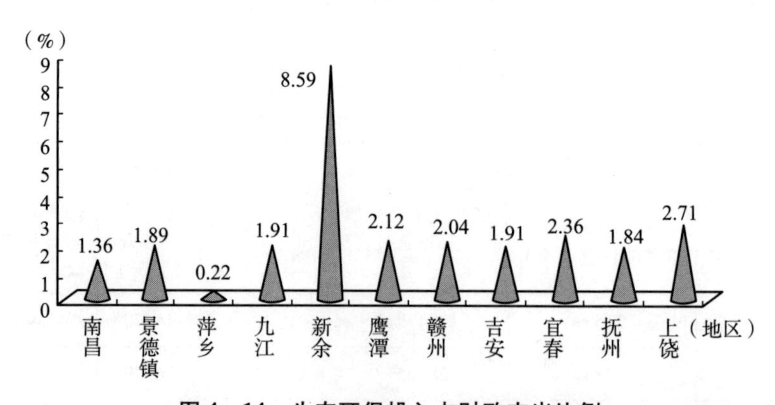

图4-14　生态环保投入占财政支出比例

相对力度最小，仅占到财政总支出的0.22%，南昌在生态环保方面的相对投入也较低，仅占到财政总支出的1.36%，其他地区在生态环保方面的相对投入相近。

图4－15表明鹰潭在研发经费方面的相对投入最高，占到了其地区生产总值的3.91%，景德镇、南昌和新余在研发经费方面的投入占其地区生产总值的比重分别为1.62%、1.60%和1.46%，其他地区投入的研发经费占地区生产总值比重均未超过1%，这些地区在生态文明建设过程中，需要加大研发方面的投入，通过创新推动生态文明建设。生态文明建设工作占党政实绩考核的比例见图4－16。

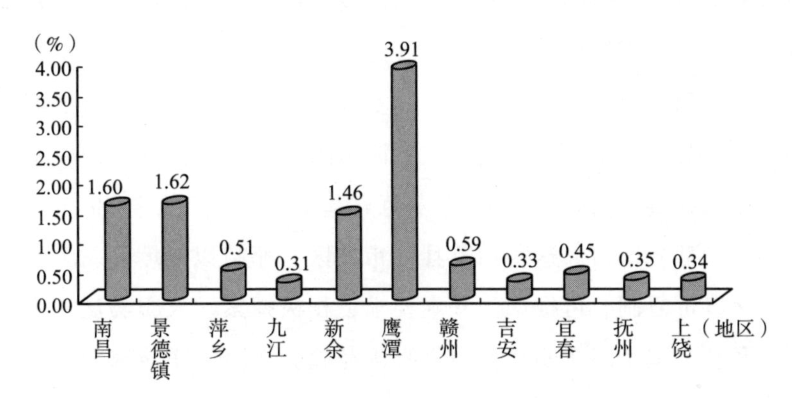

图4－15　研发经费占GDP比重

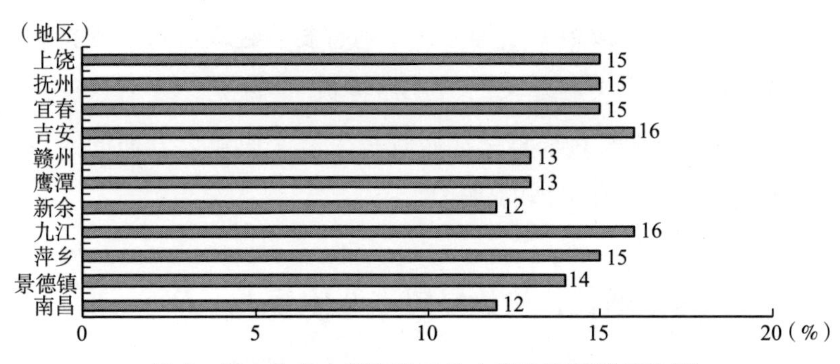

图4－16　生态文明建设工作占党政实绩考核比例

图4－16中各地区生态文明建设工作占党政实绩考核权重都在10%以上，说明江西省的生态文明建设在各地市党政部门中都得到了普遍认可和重视。

二、江西省生态文明建设探索的主要经验

数据统计结果表明各地区在生态经济、生态环境、生态人居、生态文化和生态制度方面各有一定的优势和特色。因此，不同地区可以根据自身条件闯出一条适合自己发展的路径。江西省先行示范县包括南昌市湾里区、新建区，九江市武宁县和共青城，景德镇的浮梁县，鹰潭市余江县，赣州市的安远县和崇义县，宜春市的靖安县、铜鼓县、宜丰县和奉新县，上饶市的婺源县，吉安市的安福县和抚州市的资溪县。首批16个示范点基本覆盖了江西省11个地市中的绝大部分地市。这些示范县（市、区）坚持以制度创新为核心任务，以可复制、可推广为基本要求，积极探索、大胆尝试，为江西省乃至全国生态文明建设积累有益经验。江西省职能部门将结合工作职能，在规划编制、政策实施、项目安排、体制创新等方面给予倾力支持，而这些试点将会在项目资金、用地、财政转移支付以及国家、省级政策改革试点等方面得到省委、省政府重点支持和优先安排，打造生态文明建设的“江西样板”。因此，选取这些打造“江西样板”的排头兵来总结江西省在生态文明建设方面的实践经验和存在的不足具有很强的代表性。

（一）内生增长，构建绿色产业体系

这些地区主要抓住了承接产业转移和产业转型升级的战略机遇

期，占据天时，顺势而为，打造了初步的绿色产业体系。

芦溪县坚持以转型升级为主线，坚持发展速度、发展质量与发展效益有机统一，大力发展现代农业、工业循环经济、生态旅游等产业，不断放大绿色发展的先行优势，着力构建绿色产业体系，加快实现绿色 GDP 全覆盖。取得了显著成效。在“主攻工业、发展升级”的思路下，芦溪县大力推进循环经济发展，依托芦溪县工业园区，形成了以电瓷产业集群为龙头的现代工业体系，新能源、光伏、机械电子、汽配、轻纺、建筑陶瓷、食品医药等绿色产业稳步推进。坚持以科技创新为主线狠抓落后产能淘汰和传统产业改造升级，一方面通过科技创新延伸产业链，积极引导电瓷产业靠大联强，加快电瓷传统产业升级步伐；另一方面大力发展新能源、新材料等战略性新兴产业，通过高端提升产业层次，实现绿色的经济转型。

靖安县提出“以‘旅’为先”的发展理念和“一产助推旅游，二产服务生态，三产激活全局”的县域经济发展模式，通过建设一个形象窗口、搭建一个中心枢纽、串起一条景观长廊、完善三个旅游小镇等方式，逐步建立一批精品旅游项目，把旅游业培育成县域经济的支柱产业、引领三产发展的龙头产业，从而把靖安打造成生态观光休闲度假复合型旅游目的地。

奉新县以工业园区的创新为突破点，构建低碳循环的绿色工业体系，取得了明显成效。新常态下，以创新为引领，加快工业产业升级，形成绿色工业发展模式。淘汰减排不达标、技术落后、高污染、高耗能的产业。对传统产业加大技术革新力度，建设了全省首个纺织印染集控区，兴建了印染集控区污水处理厂。纺织产业基本形成了原料—纺纱—织布—印染—成衣的完整产业链，能耗降低15%以上，成为全省 60 个重点工业产业集群之一。在农业方面，创建了国家现代农业示范区。重点发展优质米、猕猴桃、毛竹和花卉苗木等四大主导产业，总体形成“三区五园两带”的现代农业发展格局，选择基础条件好、特色鲜明、发展潜力大的区域，进行高标准建设，打造产业示范带动核心。通过科技创新、体制创新，推动现代农业产业的转型升级、提质增效。加大优质农产品整体包装、策划、推介力度，让绿色、安全、有机的“金字招牌”更加响亮，把奉新优质绿色有机农产品推向全国。

安福县则突出“山水安福、美丽樟乡”，不断推进绿色产业。一是大力发展循环经济。立足三废综合利用，积极培植资源综合利用企业，最大限度的实现工业废渣、废气等方面的循环利用。安福怡兴环保确立的“富集—磁选—重选”工艺，填补了江西对铁尾矿处理、二次处理利用的行业空白，在国内处于领先地位，年消化尾砂 80 万吨，提纯铁精粉 10 万吨。二是生态农业蓬勃发展。积极探索生态农业模式，实行“山顶带帽，山腰种果，山脚种稻”模式，推广“猪—沼—果”生态模式。三是生态工业加快集聚。大力培育液压机电、电子信息、绿色食品三大生态工业，落户液压机电、绿色食品产业园的企业分别达 40 家、14 家，荣获“全国食品工业强县”、省级绿色食品加工产业基地称号，液压机电产业园被省工信委、省发改委批复确定为江西省液压机电产业基地，开元安福火腿公司获全国优秀龙头食品企业。

（二）因地制宜，塑造地方生态品牌

这类地区占据地利优势，有良好的区位优势或自然资源禀赋优势，因地制宜，塑造地方生态品牌。

湾里区以建设“南昌都市生态涵养区、城郊休闲度假区”为目标，以生态保护、旅游发展为主线，坚持把休闲旅游作为最大特色，加快整合旅游资源，大力改善旅游景区道路交通条件，引进和

推动一批大型休闲旅游度假项目建设，积极有序地发展壮大“农家乐”乡村旅游产业，进一步唱响“都市森林、休闲梅岭”品牌，逐步确立湾里区在南昌市乃至江西省的旅游大区地位。投资96.18亿元建设了46个梅岭景区旅游项目，将力争在2016年顺利完成国家旅游度假区的创建，将梅岭塑造成为江西一张响亮的旅游名片。

“中国最美乡村”婺源县按照“产业围绕旅游转、结构围绕旅游调、功能围绕旅游配、民生围绕旅游优”的思路，大力开发高端特色民俗，因地制宜发展乡村旅游，不断完善休闲度假旅游体系，扎实推进20个秀美乡村和41个新农村建设，同时吸收借鉴国内外优秀酒店经营模式，结合自身特点，开创出独具婺源特色的旅游发展模式，在2015年国际乡村旅游大会上入选“世界十大乡村度假胜地”。

安远县是典型的丘陵山区县，有独特的原始森林景观、温泉群。山地面积297万亩，占土地总面积的83.43%，森林覆盖率达83.4%，依托这些资源禀赋，全县已辟建三百山、虎岗温泉、仰天湖、九龙嶂、龙泉山、无为公园、永清岩、永兴山、莲花岩、燕子岩、东生围、尊三围等20余处观光景点，基本形成以探寻三百山自然风光为主要内容的绿色旅游线和以探寻苏区时期红军活动遗址为主要内容的红色旅游线，打造了国家重点风景名胜区和国家级森林公园。

崇义县秉承生态为重理念，积极实施生态发展战略，开展重点流域环境整治，大力发展循环经济、生态旅游、新能源开发等产业，留住美丽乡愁。依托阳岭景区生态优势，推动龙山生态体育公园、阳岭高端生态养老等项目建设，发展大健康产业，并鼓励社会资本发起设立健康养生产业投资基金，抢占战略性新兴产业制高点。如今，崇义森林覆盖率高达88.3%，赢得了“生态王国”、“绿色宝库”的美誉，并跻身江西省首批生态文明先行示范县。

奉新县素有“仙源灵境”美誉，境内群峦叠翠，森林覆盖率高达64.46%。奉新紧扣创建“省级森林城市”目标，该县打出“增绿、净水、治气、除脏”组合拳，不断提升生态环境质量。大力实施昌铜高速沿线百里万亩林相改造工程，采取“一封、三造、三抚育、四补助”，2014年以来新增造林4.7万亩。完成了昌铜高速沿线低产林更新改造2406亩，栽植红叶石楠和木荷等阔叶大苗达11万余株；新增封山育林面积17.1万亩，其中昌铜高速沿线新增6.58万亩，形成具有奉新区域特色的生态景观带。深入推进文化和旅游深度融合，全面提升旅游发展水平，建成赣西绿色崛起的特色旅游目的地。

（三）和谐共生，增加社会生态福祉

这些地区，具有一定的经济实力或工业基础，占据人和，通过追求社会和自然的和谐共生，增加社会生态福祉。一方面，在城镇化过程中，强调人与自然的和谐，打造了宜居小城；另一方面，在生态保护和环境治理上做出了表率。

武宁县致力于打造“最美小城，长寿之都”，把城建项目当景点建，把县城当景区建，聘请国内一流的专家，对县城进行高起点规划，按照“城区景观化”的发展思路，坚持“精品、生态、休闲、养生”的理念，把山、河、湖等生态元素融入城市建设中，沿湖重点打造水面线、湖岸景观线、低层建筑线和高层建筑线，使山、水、城融为一体，县城生态修复和治理都取得了明显成效，人民群众的幸福指数得到较大提升，实现了社会发展与自然保护的和谐共生。在新农村建设方面，武宁县把生态文明理念融入新型城镇化和新农村建设之中，合理布局城乡空间，尽量减少对自然的干扰和损害，形成城区景观化、农村园林化的秀美风貌。村庄、道路、荒山绿化全覆盖。同时推进“户分类、村收集、乡转运、县处理”为主的城乡一体化垃圾处理模式，农村垃圾由专人清运，并实行无害化处理，增进农民的民生福祉。

共青城一方面，扎实推进“绿色能源示范乡村”建设，不断提高绿色清洁能源使用覆盖面。开展美丽村庄、美丽庭院系列创建活动，着力打造“青山、绿水、靓房子”的乡村美景；大力推进“森林城乡、绿色通道”建设，完善城市绿廊、绿道建设；另一方面，大力实施市容市貌环境整治，实施共青大道景观改造项目，沿共青大道规划建设了4.4公里城市慢行绿道，打造了以主干道为主体、长达30公里贯穿城乡的绿色生态长廊。

奉新县建立了“户分类、村收集、镇转运、县处理”的城乡垃圾处理一体化运行模式，实现了农村垃圾“减量化、资源化、无害化”目标，通过“绿色家庭”和“节能减排示范社区”等有效载体，培养绿色家庭示范户1600余个，1200对育龄夫妇认养了绿地树木，种植“巾帼林”和“夫妻林”，既美化了家园，又有力推动了全县文明生态建设进程，该县已顺利通过省级卫生城复评，被列为国家园林县城候选城市。有效落实民生工程，稳步推进“五城同创”。

芦溪县在民生方面综合投入12.38亿元，占财政支出的62.8%，八大类89项民生工程超额完成（2014年）。开展餐饮安全和药品药械安全专项整治，保障了百姓饮食用药安全；落实了安全生产“党政同责、一岗双责”制度，实现了工矿商贸领域零事故、零死亡的“双为零”目标；不断推进涉法涉诉信访工作改革，建立了领导干部接访、下访常态化制度，信访稳定实现“五为零”目标；把创建全省文明城市工作先进县城、省级卫生县城、省级园林县城、全省森林县城、全省双拥模范县城为主要内容的“五城同创”作为改善人居环境、推进人民群众生态福祉的民生工程抓好抓实。创建工作不仅带动了县城面貌焕然一新，也使得文明程度显著提高，生态观念深入人心，为创建生态文明示范区奠定了基础。

（四）文化建设，提高民众生态素养

部分先行示范点在生态文化建设上，构建了崇尚自然的生态文化体系。主要表现在三个方面。

（1）加强生态文化教育建设，倡导生态文明行为。武宁县把生态文明知识作为基本内容，纳入机关、企业、学校的教育当中，提升生态文明意识，增强领导干部生态文明建设的决策能力，引导企业增强社会责任感，引导公民节约资源，合理消费，养成健康、环保、文明的行为方式和生活习惯，严格遵守有关生态环境保护、循环经济和清洁生产的法律法规。安远县积极开展了“绿色回收”进机关、进商场、进园区、进社区、进学校等“五进”活动，促进资源循环利用。南昌市新建区积极推行了绿色出行“135”计划，倡导公众1公里步行、3公里骑自行车、5公里乘坐公交车。铜鼓和靖安县积极推动了家庭垃圾分类处理计划，开展了家庭垃圾分类处理试点，并积极引导绿色消费，鼓励使用节能节水节材产品和可再生产品。婺源县推进了政府绿色采购，推行无纸化和绿色节能办公。安福县组织了世界环境日、世界水日、全国节能等主题宣传活动。

（2）传承发展生态文化，充分挖掘、保护和弘扬赣鄱优秀传统生态文化，推进生态文化创新。共青城市积极开发体现江西自然山水、生态资源特色，依托鄱阳湖水系的候鸟观赏、水上旅游等项目，充分利用各类媒体、活动中心、鄱阳湖生态经济区规划馆以及其他文化科技场馆等传播生态文化，支持在生态文化遗产丰富、保持较完整的区域建设生态文化保护区。婺源县依托“中国最美乡村”、“徽剧”、“茶文化”、“朱子文化”、“古村”等地方文化资源，充分挖掘特色文化产品，打造了“歙砚”、“纸伞”、“三雕”和“傩舞面具”等文化创意产业，扶持朱子艺苑、华龙木雕、茶博府等生态文化企业的发展。

（3）开展了各类生态创建行动。试点县普遍实施生态家园创建工程，创建了一批国家级生态县和生态乡镇。推进了生态文明村、美丽乡村创建示范工程，建成了一批宜居、宜业、宜游的生态文明示范村和秀美示范乡村。大力开展了绿色示范单位创建活动，建设了一批绿色机关、绿色学校、绿色社区、绿色企业和绿色家庭，打造了一批以绿色示范单位为主体的生态文化宣传教育基地。

（五）制度创新，挖掘体制机制红利

这些地区通过明晰产权，制度创新，做到了以市场配置资源为主，政府调控为辅，推动了由管理型政府向服务型政府的转型。值得借鉴和推广的经验主要有以下四个方面：

（1）资溪县、湾里区等地完善了体现生态文明要求的考评机制。2003 年 6 月，资溪县在省内率先实行领导干部生态环境保护责任审计制，该项制度以建设全国生态县为目标，设立了水质标准、森林蓄积量、生态经济等 38 项考核指标，考核干部政绩。2013 年，结合生态文明建设，县里又出台《领导干部生态文明建设责任审计办法》，对考核标准和项目进行增补细化，两年考核一次，结果向社会公示。湾里区 2014 年开始实行了分类目标考核问责制度。对湾里区实行差异化考核，在弱化经济指标考核的基础上，突出对生态保护和旅游经济的考核。严格执行《湾里区重大重点项目推进“五分制”考核暂行办法》（湾办字〔2014〕11 号），对全区所有领导干部按年度五分制管理，重点考核生态保护类、生态旅游类各项关键指标的达标度和时间节点进度，作为领导干部提拔奖惩的“硬杠杠”。

（2）武宁县、浮梁县等地探索建立了生态补偿机制。制定出台了建立健全生态补偿机制的实施意见，建立了财政转移支付与地方配套相结合的补偿方式。通过对口支援、产业园区共建、增量受益、社会捐赠等形式，探索了多元化的生态补偿机制。争取国家加大对重点生态功能区的转移支付力度，尽快批复实施东江源生态补偿试点方案。研究推进了赣江源、抚河源等流域生态补偿试点和鄱阳湖实施湿地生态补偿试点。健全了矿产资源有偿使用、矿山地质环境保护和恢复治理保证金制度，探索了矿产资源开发生态补偿长效机制。研究探索了产业生态补偿机制，对企业生产过程中产生的资源消耗和环境污染承担相应的生态补偿责任。

（3）婺源县创建了生态保护与建设项目实施、运行和利益相关方参与机制以及建立了多元化投入机制。建立重大环保项目筛选和协同推进机制，发改、环保国土、水利等相关部门严格按照生态保护与建设规划，每年年初整理一批生态环保项目，召开重大环保项目筛选和协同推进工作会议，议定年度工作计划和阶段性工作安排，建立绿色通道制度，所列项目纳入婺源县重大项目，定期向社会公布信息和项目推进进度，自觉接受舆论监督；建立环保项目实施、运行公众参与和前置条件联审联批制度，简化审批程序，加快审批进度，健全信息的公开与发布制度和不同利益群体的协商机制。

另外，婺源县建立了吸引社会资金政策体系。积极推行绿色信贷，设立“绿色基金”，制定政府和社会资本合作等模式进入特许经营领域的办法，在城镇污水垃圾处理和工业园区污染集中治理等重点领域开展特许经营试点，通过特许经营权、合理定价、财政补贴等事先公开的收益约定规则，引导社会资金参与森林、滩涂湿地、江河岸线保护，土壤修复等生态环保项目建设，加快推进第三方治理试点，建立了“以奖代补”机制，鼓励农家乐污水治理、有机产品认证和追溯以及农产品节肥节约管理，实现了生态环境与经济社会协调发展。积极推进了政府购买服务，编制绿色采购清单，对纳入政府购买服务目录的项目，由政府负责制定服务收费政策以及价格调整、补贴机制，并引入竞争机制，有效减轻政府财政补贴负担，对市政设施管护、园林绿化养护、道路清扫保洁、垃圾处理、污水处理等，优先采取政府购买服务方式。

（4）共青城市等地探索完善河湖管理与保护制度。共青城市根据本地区实际，健全涉河建设项目管理、水域和岸线保护、河湖采砂管理、水域占用补偿和岸线有偿使用等法规制度，制定和完善了技术标准。根据河湖生态环境修复成本，以及“谁破坏、谁赔偿”的原则，建立了河湖资源损害赔偿和责任追究制度。层层落实河湖管护主体、责任和经费，基本实现了河湖管理的全覆盖。创新了河湖管理模式和公共服务提供方式，依法划定了河流分级管理责任，推行了地方行政首长担任“河长”制度，整合部门力量，对河湖的生命健康负总责；积极引入了市场机制，凡是适合市场、社会组织承担的工程维护、河道疏浚、水域保洁、岸线绿化等管护任务，向社会购买公共服务。严格限制了建设项目占用水域，防止现有水域面积衰减。实行了占用水域补偿制度，按照消除对水域功能的不利影响、等效替代的原则进行占用补偿。

三、先行示范点生态文明建设中面临的主要问题

（一）县域经济总量小，产业化发展水平较低

江西省县域经济水平还处于弱势，表现为经济总量较低、全国

百强县较少，2015 年仅南昌县、丰城市和贵溪市入围。在大多数示范县中，经济一直是处在小生产、小发展的状态。在工业发展方面，大多数行业的产业化水平较低，行业发展规模仍偏小，尚未形成一定的集群效应外，产业结构有待优化，区域分工不明确，产业链条协调度偏低。在农业方面，现代种植业和养殖业的发展规模也有待提高，以向着产业化、生态化方向发展，大多数农业企业和园区工业规模较小，产业层次较低，仍然以传统的劳动密集型为主，低技术、低附加值，高新技术产业发展缓慢。第三产业内部培育发展层次有待提升，旅游发展模式亟待创新，生态旅游业的发展目前仍处于起步阶段，投资规模仍待提高，后期市场开发仍需紧密跟进等。总之，多数县域中经济结构“低、小、散”的状况还未根本改变，产业综合竞争力不强，经济运行综合效益欠佳。

（二）环境综合治理能力薄弱

江西省城镇化水平较低，而多数示范点城镇化水平也不高，甚至低于全省平均水平。环境基础设施如生活污水、生活垃圾等环境基础设施建设滞后于经济社会的发展，综合治理能力仍相对薄弱。部分县市城镇化起点低、起步晚，进程较缓慢、水平较低，直接地影响社会经济的可持续发展。城乡发展不均衡，全区城镇建设布局分散，产业依托不强，城市管理水平不高。城市功能分区不够明显，存在较严重的生产、居住和商贸等功能区混杂交错的问题。土地利用方式和结构不合理，土地利用存在浪费现象，环境污染问题日益突出，制约了经济的持续发展。城镇基础设施建设相较于经济快速发展仍有欠账，生活污水集中处理能力不足，大量生活污水未经处理直接排入水体，导致全区水环境受到污染；乡镇特别是旅游景区生活垃圾收集处理设施缺乏，随处抛扔的现象普遍存在；环保配套和城镇功能配套未能及时跟上，工业园区产业融合程度偏低。

（三）生态环境保护形势依然严峻

各地区的工农业污染依然存在。目前江西省第一、第二、第三产业的比重约为11∶54∶35，根据发展经济学的标准判断江西省正处于工业化发展的中级阶段。随着工业企业不断增多，部分企业违规排放污水、废气、废弃物等问题依然存在。农村面源污染主要来自农业生产、果业种植过程中化肥、农药、除草剂、地膜的使用及畜牧业产生的废水、固废，对周边地区的农作物、地下水均造成不同的污染，化肥施用强度过高引起土壤土质退化，大量使用的地膜不能得到及时回收及充分利用而导致土壤污染，农业生产引发的环境问题日益明显。环境保护体系建设不足。当前奉新环境保护管理体制的权威性和有效性不够，生态环境保护制度不系统，不完整。一是环境保护的基础设施亟待完善。现有污水处理厂已满负荷运行，污染物自动在线监测体系暂未建立，一线环境监管人员无法获得及时、有效的数据和证据，难以及时、有效打击违法排污行为和减轻污染程度。二是环境监察能力建设不足。目前全省工业企业涉及钢铁、医药、陶瓷、化工、光伏等几十个行业，污染因子种类可能达到上千种，监管对象点多面广，环境执法人员较少，人员素质、能力参差不齐，执法队伍人才断层，不能满足当前环境监察工作的需要。三是农村环境保护基础薄弱。长期以来农村地区是环境保护管理工作的真空地带，农村环境保护工作起步晚，发展慢，大部分乡镇既未成立专门的环保部门又未设立专门资金进行污染整治，农村畜禽养殖污染和乡镇工业企业污染已经逐渐成为人民群众反映最强烈的问题。

（四）生态文明建设缺乏资金和智力支持

资金短缺和专业技术人员短缺是当前基层建设生态文明面临的最大现实困难。一方面，资金保障相对不足。生态文明建设以生态保护和建设为着力点，大力发展生态产业，但部分地区的生态产业对财政收入贡献能力低，使地方财政收入水平较低，同时我省生态文明建设投入机制尚不完善，融资渠道不灵活，导致建设资金投入跟不上需求。节能环保工程和项目的推进也需要投入大量资金。资金投入最大的五个方面包括：一是需要加强大气污染防治，努力改善城市空气质量。主要有高排放机动车的淘汰、燃煤电厂脱硫、脱硝设施改造、农作物秸秆机械化还田等项目。二是支持水环境污染治理工程，确保饮用水安全。三是支持城市及农村环境整治，努力改善城乡面貌，推进村庄生活污水、生活垃圾、畜禽粪便治理。四是实施节能减排，淘汰落后产能，努力减少碳排放。五是支持环境保护能力建设，提升环境监管水平。目前来看，打造生态文明建设的江西样板所需的大量资金存在巨大缺口。生态文明建设资金投入不足，导致基层许多工作无法开展。缺乏资金支持也是导致相关规划得不到有效实施的主要原因。

另一方面，人才和技术的储备不足。受区域经济社会发展现状制约，人才资源的开发和储备相对不足，人才激励机制不完善，人才资源呈现出结构性的短缺，特别是生态保护和建设人才相对不足，在生态经济、循环经济、低碳经济等新领域，人力资源呈现出结构性的短缺，导致生态技术推广难度大，科技交流合作欠缺，不利于长远的社会经济发展、产业结构调整和产业升级。生态文明建设中顶层设计得不到很好的落实和执行，主要是由于缺乏相关方面的专业人才。以水生态文明建设为例，江西省选择了东乡县、新干县和高安市作为水权改革试点，但从调研结果来看，基层学过经济学、懂产权和制度设计的专业人才很少，机制体制创新型人才就更少。其次缺乏生态、环境、水利、林业、规划等专业型技术人才，另外缺乏智库型专家为试点县市和基层乡镇提供专业咨询和指导。

（五）人民群众在生态文化建设中的参与度较低

生态文明建设目前主要停留在政府推动阶段，地方官员更乐于种树、治水、搞试点，做看得见的项目，而不愿意在生态文化建设方面增加开支。由于宣传力度不够，人民群众参与度低，生态文化氛围不浓，人们还没有形成生态文明的意识和理念，有些群众甚至认为生态文明建设是环保部门的事。我们的调查数据显示，超过50%的被调查对象无法说出当地的环境问题举报电话，除此之外，受访者中，在10个有关生态文明知识方面的平均知晓数量是6项，而全部了解的不及2%。正由于人民群众对众多的生态环境问题关注度低、对于生态环境问题知识掌握不够全面，常常就会有意或者无意地做些破坏和污染生态环境的事情，从而影响到生态文明建设的步伐。

广大人民群众对生态环境问题的关注度越来越高，但极少落实到实际行动上，呈现出“知行不一”的现状，并不能做到积极自觉地参加生态保护活动，不能真正把生态消费意识落实到日常生活中；在面对环境破坏的事情时，人民群众大多对自身没有直接关系的环境问题采取消极态度，人民群众参与环境保护的程度很低，一旦这些生态问题破坏了人们的日常生活，这时人们才会采取行动。另外，人民群众对政府的依赖心理严重。在我省的生态环境保护工作中，政府从政策的制定到推行都起着主导作用，民众则处于被动角色，一旦出现生态环境状况危机，第一反应就是政府及其相关部门没有做好相应的工作，管理、监察工作做得不到位。在随机的街边调查中问到“你认为现在城市环境恶化谁应该负主要责任”，有近73%的被调查者认为政府应该对现在的生态环境问题负主要责任，近20%的被调查者认为企业应负主要责任，而仅有约7%的被调查者认为居民应负主要责任。

（六）生态制度体系有待完善

生态文明制度体系不够完善，主要表现在资源环境的事前防范与保护中，没有通过完整的自然资源资产产权制度对国土自然资源的产权明晰化；在用途管制方面除耕地之外的生态空间没有得到严格用途规范；在资源的开发及利用过程中，偏低的价格机制不能反映市场供求、资源稀缺程度、生态环境损害成本和修复效益。生态文明制度机制不健全，如“垃圾分类回收”、“绿色出行”等利于环境友好、资源节约的“低碳”、“绿色”之举，虽然已经成为全社会的普遍共识，然而对此种行为道德评价标准的缺失不能上升为道德自律，很难促进此种生态意识转化为生态保护自觉行为。生态环境保护制度不系统、不完整，导致监管力量分散、部门职能交叉、公共管理能力较低，极大地影响了生态文明制度落实的效果，导致行政效能不高、执法力度不强，无法统筹各方面的力量。此外，由于信息公开制度、举报制度不健全，民众的环境知情权、参与权及监督权得不到有效保障，民众监督、舆论监督及环保非政府组织监督等社会监督形式缺失，难以形成自上而下的监督机制，使得目前的生态文明制度的落实缺乏实效性。

第五章

打造“江西样板”的实现路径：巩固提升生态优势

绿色崛起的重要基础在于巩固和提升生态优势，夯实绿色崛起基础。巩固和提升生态优势要做好生态环境防护，生态污染治理，生态工程建设、生态资源利用，也就是要做好“防、治、建、用”的工作，将生态优势转化为经济优势。江西省生态文明建设的总体思路是：按照控增量、减存量、提质量的要求，进一步推进我省生态环境建设。

一、坚持生态保护，严“防”死守

（一）制定绿色规划，引领生态文明建设

根据党的十八大和十八届三中、四中全会关于推进生态文明建设的战略部署，为巩固江西省生态建设既有成果、维护区域生态安全、实现科学发展，把江西省建设成为全国生态文明建设先行示范区，需制定绿色发展战略规划，将此规划列为江西省国民经济和社

会发展第十三个五年规划体系中的重点专项规划之一，率先全国开展生态文明建设五年规划编制试点工作。建设生态文明是全面建设小康社会的新要求，编制和实施该规划，是江西省贯彻落实生态文明建设的一项重要举措，对于不断改善生态环境质量，全面提升生态文明建设水平，积极推进国家生态文明试验区工作，纵深推进可持续发展战略的实施具有非常重要的战略意义。科学构建“五位一体”统筹发展机制、全面推进跨区发展、深入实施综合配套改革、大力促进生态文明建设，积极倡导“美丽江西”建设，确保江西省的生态文明建设工作始终位居全国领先地位。

重视规划的引领作用，首先要确保生态建设总体规划的科学性、操作性和可持续性。编制总体规划既要着眼于生态建设总布局，其执行又要以制度建设为保障。实施各区域生态建设规划及专项规划，在指导思想、规划目标、功能分区等各个方面对生态建设进行科学合理定位和精准细致划分，进行实地调研并按功能区域分类收集资料，掌握各地区翔实的原始资料；抓紧编制循环经济、环境保护、垃圾无害化处理、污水处理及配套管网等生态文明专项规划；出台促进江西省生态文明建设的相关法律法规，在其中确立政府、企业、公众等不同主体在生态文明建设方面的基本权利和义务，突出加强生态建设、调整产业结构、发展循环经济的思路，强调生态保护、生态补偿、环境信用、环境污染第三方治理等制度。

（二）划定“三条红线”，创新生态系统管理

树立底线思维，设定并严守生态红线、水资源红线、耕地红线，将各类开发活动限制在资源环境承载能力之内。合理设定资源消耗“天花板”，加强水、土地等战略性资源管控，强化资源消耗强度控制，做好资源消费总量管理。一在生态红线方面：生态红线

的守护应坚持顺应自然，加强保护，巩固提升区域内自然状况，防范生态风险；应坚持生态保护与生态建设并重，对生态系统遭到严重破坏的区域，应采取人工辅助自然恢复的方式，逐步恢复自然状况；应坚持各部门协同管理，动员公众积极参与，落实农林水土等生态系统管理部门、经济社会发展部门等多个部门的具体职责，健全生态红线的部门协作和区域协调的管理机制；应同步做好生态红线管理平台建设，要建立结构完整、功能齐全、技术先进、天地一体的生态红线管理平台，建设江西省生态红线多层级管理信息系统，加强生态红线的统一监管和动态调整。二在水资源红线划定方面：继续实施水资源的保护、节约和配置三个关键环节作为工作重点，以严格执行水资源开发利用、用水效率、水功能区限制纳污“三条红线”控制管理为抓手，强化水资源管理的约束力，促进水资源优化配置，提高用水效率（韩露，2015）。三在耕地红线划定方面：严格执行并落实土地保护的基本国策，优化土地利用结构和布局；加强基本农田保护，确保区域内耕地面积不减少、性质不改变；并将农田保护提高到战略高度上，与全区土地利用总体规划及城区、各乡镇农田保护规划相协调；从动态平衡及全面综合的角度，坚持保护耕地和实现耕地总量动态平衡，通过土地复耕、土地整理、土地置换等措施，既实现农田保护要求，又保证城镇建设用地的需要。

（三）打造“生态云”平台，加强环境质量监管

启动江西省生态文明建设管理与服务云平台建设（简称“生态云”平台），该平台以整合为目标，积极促进数据整合、业务整合、服务整合、资源整合等全方面地整合，完成五大中心（数据中心、管理中心、服务中心、查询中心、交易中心）的建设，对接各部门

系统，该平台可实现对水、空气、噪声、垃圾处理、重点污染源、环境整治、给排水、涵洞水位、大型公建、重点能耗企业等功能模块的在线监测，实现生态文明建设目标管理、过程管理、项目管理、重点领域管理，并积极探索建立市场化的交易平台，全力把生态云打造成可复制、可借鉴的生态文明建设示范品牌。数据中心依托云计算中心已有的基础硬件条件，将全省生态文明建设相关数据进行统一、集中管理；管理中心以2020年左右达到碳峰值为核心，实施各项环境约束性指标考核监管的倒逼机制，打造一个“生态管理立方体”，涵盖空间布局、产业转型、生态环境、低碳循环、资源资产、生态文化等6大领域，将全省生态文明建设主要任务，统筹性、多维度、多层面分解、细化、落实；交易中心利用市场手段为企业实现生态转型、资源消耗控制提供有效载体，实现节能量、排污权、碳减排的交易撮合与园区循环经济信息共享；服务中心旨在建立一个面向政府单位、科研机构、重点企业及社会公众的虚拟化网络服务中心，提供政策信息、绿色低碳技术、生态资讯、建言献策等服务功能；查询中心可以查询已发布的生态数据及相关政策、公众反馈等信息，为公众服务提供索引功能（闫艳，2016）。“生态云”平台在建设过程中要处理好“整体与局部、平台与部门、硬件与软件、研究与应用”四个关系，加强顶层设计，边实践、边探索、边完善。一要了解自身情况，保持数据动态更新。秉持开放式、动态式的建设理念，在功能配置上要做到随时可接入、动态易拓展。二要进行资源整合，实现平台全覆盖。整合涉及生态领域的数据，使全省重点污染企业以及重要的水体和山体、大气等实现实时在线监测。三要管理实现量化，强调考核落实。细化指标体系，明确考核内容，确保各项任务的落实。四要保障监测有效，实现技术可支撑。充分发挥已有硬件的作用，同步完善软件功能。五要推动企业行动，实现平台可交易。强化应用实用导向，在弄清全省环境容量的基础上，开展主要污染物和碳排放的交易，促进企业增强治理污染和节能减排的积极性。六要实现群众可视化，增强社会信心。通过查询中心，让群众方便地了解企业、社区、镇村等情况，并开展第三方评估，让生态文明建设可观可感。

（四）提高项目准入门槛，实现污染源头控制

以生态环境功能区规划为依据、以规划环评为载体、以项目环评为重点，建立规划环评和项目环评的联动机制，把区域空间、总量控制和行业管理纳入到审批制度中，通过控制管理促进经济发展与资源环境承载力的相适能力，全面强化空间、总量、行业“三位”的环境准入。空间准入，重点落实主体功能区规划要求，实行差别化区域开发和环境管理，对区域规划环评满 5 年或将满 5 年的工业集中区开展跟踪评价工作，对不同区域的资源环境禀赋和环境承载能力进行科学评价，然后据此合理确定空间环境准入要求；总量准入，强化规划环评，控制区域污染物排放总量，积极研究区域或行业污染物排放总量控制措施，通过区域规划环评达到总量控制要求，对没有区域总量平衡的建设项目实行环境准入限批，控规环评经审查后将作为今后区域入驻项目审批的依据之一，并按时序淘汰燃煤锅炉；行业准入，严格按照国家及行业准入条件审批建设项目环境影响评价，对印染、电镀、造纸等重点污染行业从严审批，对化工、医药、涉重、畜禽等行业开展环境整治，关停淘汰一批高能耗、高污染、低产出的“两高一低”企业，初步实现重污染行业的转型升级。另外，严格环境准入，实现“三个不批”，对选址位于生态保护红线一类管控区内的项目一律不批；对列入生态保护红线二类管控区和开发区、工业园区环境准入负面清单的项目一律不批；对新增赣江水污染排放的建设项目一律不批。

（五）培植“绿色银行”，优化生态环境

培养“节能减排、环境保护”的文明意识，形成绿色生活、生产氛围，以“绿色化”装点生活，提高社会的“绿色福利”，让“绿色化”实现“常态化”，为子孙后代留下可持续发展的“绿色银行”。如引导、扶持林农封山育林，开荒造林，乡村风景林建设、低产低效林改造、木材战略储备等，以打造“绿色银行”为目标，持续开展生态保护型、防护型、经济型与环境改良型等林业生态工程，按“总量控制、定额管理、合理供地、节约用地”的原则利用林地，使得山林植被质量提升、森林覆盖率上升、绿色生态屏障日渐稳固。对于山场资源丰富的地区，鼓励农民拓荒植树，可以对区域内的荒岗、荒山、荒滩采取拍卖、租赁等形式向社会公开竞标开发，放活经营权，明晰所有权，稳定承包权。地方财政可酌情设立专项资金奖励植树造林、农村改水和道路建设。还可以组织农户在房前屋后兴建小果园，路边、渠边、田边、塘边、堤边兴建“绿色通道”，美化居住环境，建设生态家园。对违法违规采伐林木的个人或者单位实行从重处罚，既追究经济责任，又追究刑事责任；既追究当事人，又追究监管者。

（六）建立生态责任审计制度，倒逼生态保护责任

启动自然资源资产负债表编制及领导干部自然资源资产离任审计试点工作，实行省、市、县三级联审，以各地区自然资源资产实物量及生态环境质量变化为基础，以领导干部任职期间履行自然资源资产管理和生态环境保护责任情况为主线，对土地、水、森林、矿产等自然资源资产以及水、大气和土壤污染等重要环保领域进行审计。通过审计，揭示和反映领导干部任职期内自然资源资产管理

开发利用和生态环境保护中存在的突出问题以及影响自然资源和生态环境安全的风险隐患，并推动及时解决；另外，促进领导干部树立正确的政绩观，推动领导干部守法、守纪、守规、尽责，切实履行自然资源资产管理和生态环境保护责任，促进自然资源资产节约集约利用和生态环境安全。试点成功后，在全域推广，各地将突出区域特点，选择两到三项重要自然资源资产和相关生态环境保护重点领域，探索差异化审计模式，形成可复制、可借鉴、可推广的经验。

营造加强资源环境保护、推进生态文明建设的浓厚氛围，倒逼各地各部门严格落实生态环境保护责任，对各级领导干部上了一道生态“紧箍咒”，对主要领导履行环境保护责任情况做出评价。重点包括三个方面：一是生态环境保护政策执行情况，主要审计主要领导对生态环境保护政策的贯彻执行和规划的实施情况，包括森林、矿产、水、农业等资源的保护与管理；二是环保专项资金和各级财政配套资金情况，主要审计主要领导对生态环境保护资金筹集、分配、管理和使用情况等；三是环境保护与治理目标的完成情况，主要审计主要领导对发展循环经济和加强生态环境保护等方面采取的主要措施和取得的成效，关注污水、垃圾处理等环保设施建设运行情况等。对推动生态文明建设工作不力的，要及时诫勉谈话；对不顾资源和生态环境盲目决策、造成严重后果的，要严肃追究有关人员的领导责任；对履职不力、监管不严、失职渎职的，要依纪依法追究有关人员的监管责任；而且，离任也要追责。直接运用生态责任审计结果累计选拔调整干部。

二、加强污染整治，常“治”久安

（一）分配排污许可证，实行排污权交易

采用免费分配为主、拍卖和定价出售为辅的模式，完成排污许

可证的初始分配，核发其准予在生产经营过程中排放污染物的凭证，排污单位包括排放污染物的企事业单位和其他生产经营者，分为重点排污单位和一般排污单位，做好重点行业污染源排污口的规范整治；排污许可证的许可事项包括允许排污单位排放污染物的种类、浓度和总量，同时规定其排放方式、排放时间、排放去向，并载明对排污单位的环境管理要求（林远，2016）。积极推动排污权交易制度，该制度的实行需要健全的法律法规、透明严格的监督执法体系、计量准确的排放数据以及严厉的惩罚作为保障。对于污染物实际排放量多于前期购买排污指标量的企业，环境管理部门应暂停企业排污许可证核发工作，同时要求企业采用工艺改进或燃料改进的方式将污染物排放量降下来，达到排污权交易指标量要求，或待企业通过市场交易购买到足额的排放权指标后，方可进行排污许可证的核发工作，对企业来说，这势必会影响环保竣工验收，进而影响经济效益，应尽量避免这种情景的发生；对于污染物实际排放量小于前期购买排污指标量的企业，环境管理部门需进一步核实排污权交易核算指标数据和竣工验收监测数据，确定数据不一致原因，在排除人为干扰因素前提下，若实际排放量确实小于交易指标购买量，从技术角度分析，企业富裕的指标有三种用途可供选择：①可以储存，经环保部门确认后，可用于后续项目建设所需排污权指标；②通过交易平台进行强制性或非强制性出售，既可获取指标的市场升值，又可活跃交易市场；③对于纳入减排的重点企业则可以抵扣污染减排指标。

排污权交易的实现需要构建排污权交易的技术支撑体系，由企业安装排污在线检测系统，建立信息公开制度；由地方环保部门负责对企业的检测系统进行监督，建立排污数据实时查询系统，保证排污数据的准确性；建立排污权交易信息系统，实时查询企业排污权的初始配额、交易规模和剩余指标，保证企业排污权交易的真实性。排污权交易的实现需要完善政策制度，通过立法界定排污权的产权属性，明确任何超出排污规定的行为都是对排污权的侵害，要追究其责任并给予处罚；合理确定排污总量、科学分配排污指标；环境主管部门在确定污染物排放总量时应综合考虑区域的环境质量标准、环境质量现状、经济技术水平等因素，不能脱离区域经济发展的实际状况，在确定排污权发放总量时应当使发放总量适当小于当前实际排放总量；要合理确定总量控制的具体实施细节，包括总量控制的测算依据、控制目标、检测与监督方法以及有关程序等。要打破行政区划，科学进行区域污染物总量分配，制定相应的奖惩措施。排污权交易的实现需要制定合理的交易规则和初始排污权分配的指导性办法，规定排污权指标的核定方法。制定财税激励政策，提高企业交易的积极性，加快交易市场的发展；征收排污权占有税，促使企业出售初始排污权；缓征企业排污权交易收入所得税，鼓励企业参与排污权交易；建立区域性排污权交易市场开放平台，扩大交易范围，鼓励更多企业参与交易，为参与交易的企业提供更多交易信息与交易机会，实现资源的最优配置；引入环境合同制度，规范排污权交易形式，将排污许可证以环境分配合同的形式从主管部门转移到排污企业，排污权交易以环境消费合同的形式在交易者间买卖，建立排污企业的环境信用制度，利用税收、信贷等手段规制排污主体的信用情况。

（二）推行第三方治理模式，细化排污责任

2015年国务院办公厅发布《关于推进环境污染第三方治理的意见》，使得第三方治理普遍在全国推行，“环境污染第三方治理”的核心是进行专业化分工，污染治理从“谁污染、谁治理”转变为“谁污染、谁付费、第三方治理”。过去，工业污染按照“谁污染，

谁治理”的思路，由排污企业自行解决，但由于企业更加注重经济利益，减排意识淡薄，往往使得污染得不到治理；实行第三方治理的模式，排污企业与环境服务公司可以相互监督、相互制约，避免超标排污现象的发生。环保部门也只需要监管环境服务公司，监管对象大为减少，执法成本也大幅降低。对于规模较小，成立时间不长、利润较薄的企业来说，采用专业的第三方污染治理，避免因污染防治投入增大企业的负担，可以降低治污成本，提高治污效率，专业的第三方污染物治理，提高设施设备的使用效率和使用寿命，从长期来看，降低了企业的负担；有关环保方面的问题，由专业公司按照运营管理合同约定，直接与环保部门进行联系与处理，使企业从不熟悉的环境保护、污染治理中解脱出来，不再为环保不达标而焦头烂额，可以把全部精力都放在企业的本职工作上，提高产品生产和销售，提高公司经济效益。

将通过修改仪器参数或仪器自动生成等方式伪造监测结果的责任，进行细化认定，将伪造监测结果的责任明确到排污单位和运维单位。自动监控设施的运维单位必须与排污单位签订运维合同（协议)，然后环保部门结合有效性审核，实行仪器参数备案登记制度。这样的责任细化，也避免了排污单位和运维单位相互推诿。运行期间，排污单位工作人员不能进入的监控房，如发生修改仪器参数伪造监测结果的行为，则是运维单位的责任；反之，如排污单位工作人员能进入的监控房，运行维护记录应写入仪器参数，双方共同签字确认，如发生修改仪器参数伪造监测结果，则是排污单位的责任，运维单位发现排污单位通过仪器自动生成等方式伪造监测结果，及时通知环保部门进行查处的，是排污单位的责任。此外，自带设备，提供监测数据的运维单位，通过仪器自动生成等方式伪造监测结果，是运维单位的责任。其他，运维单位与排污单位同责。监测仪用试剂浓度、纯度应符合说明书要求。如果监测仪用试剂浓度、纯度不符合说明书要求，影响测量的准确性，是运维单位的责任。另外，除了环保部门按照相关规定，对平台异常数据修约、现场端采用模拟量上传的数据，存在偏差外，其他与监控平台不一致数据均为篡改数据，是排污单位的责任。数采仪、现场端数据要求保存一年以上；数采仪、现场端非人为恶意损坏报环保部门备案，缺失数据不预追究相关责任；数采仪、现场端非人为恶意损坏未报环保部门备案，数采仪、现场端人为恶意损坏，缺失数据均追究排污单位责任；对于造成数据传输不规范，原始数据不能准确上传到监控平台的，是排污单位的责任；因数采仪维护单位未按规范传输、处理原始数据的，是数采仪维护单位的责任。

（三）建立环境违法法人“黑名单”，加强监督管理

建立环境信用评价制度，将环境违法企业列入“黑名单”，并向全社会公开，纳入社会信用体系。推动省、市级环保部门在政府网站设立“环境违法曝光台”，按照“依法依规、严管严惩、公开曝光、接受监督、严格整改、动态管理”的原则，对严重违反、多次违反环境保护法律法规规定，或者存在较大环境安全隐患的企业事业单位或者其他生产经营者，依法采取特殊监管措施，公开违法查处信息，运用联合惩戒机制，促使其纠正环境违法行为，消除环境安全隐患，提高环境守法意识的监督管理制度。对实施“黑名单”管理的相关单位，环保部门将加强监督管理，在实施“黑名单”管理期间，除将其列为重点监督检查对象外，还依法暂停受理其相关环保行政许可，不予受理和审批有关环境保护专项资金申请，撤销荣誉称号，依法限制或禁止其参与政府采购活动、评优评先、项目招投标；在信贷支持、拨付财政性补贴资金等方面予以限制。不过，环保失信社会法人的不良信用记录并不会跟着他一辈

子，不良信用记录是可以修复的。出台《社会法人环境信用信息修复办法》，全省范围内所有接受环境信用等级评价和被实施环境违法行政处罚的社会法人，如果认为自身存在的环境问题或环境违法行为已经整改，且其环境行为已经提升的，可以向原公布其环保信用信息的市、县级环保部门申请环保信用等级修复。通过建立健全环境行为信用评价和修复制度，有利于提高社会法人及企业环境自律意识和环保社会责任意识，促进社会法人和企业从漠视污染、消极治理、被动应付向重视环保、清洁生产、主动减排转变。

（四）设立生态保护法庭，集中审理环境侵害案件

现在环境案件仅靠行政处罚手段，很难从根本上制止环境侵害行为的发生，生态保护法庭为地方政府环境执法、依法行政提供有力支持，对涉及生态环境保护刑事、民事、行政的案件，环保法庭将实行“三合一”的审判模式，环保法庭对辖内水土、林业资源保护以及排污侵权、损害赔偿、环境公益诉讼等类型的案件进行集中审理。最高人民法院环境资源审判庭的主要职责包括：审判第一、二审涉及大气、水、土壤等自然环境污染侵权纠纷民事案件，涉及地质矿产资源保护、开发有关权属争议纠纷民事案件，涉及森林、草原、内河、湖泊、滩涂、湿地等自然资源环境保护、开发、利用等环境资源民事纠纷案件；对不服下级人民法院生效裁判的涉及环境资源民事案件进行审查，依法提审或裁定指令下级法院再审；对下级人民法院环境资源民事案件审判工作进行指导；研究起草有关司法解释等。法院相关负责人需进一步深刻认识生态保护审判的重要意义，认真履行审判职责，不断创新和完善生态审判各项制度。通过执法授课、司法建议等方式，积极参与生态环境治理，找准司法审判服务生态建设的切入点和发力点，助推生态江西建设。

环境资源专门审判机构的设立，对于促进和保障环境资源法律的全面正确施行，统一司法裁判尺度，切实维护人民群众环境权益，在全社会培育和树立尊重自然、顺应自然、保护自然的生态文明新理念，遏制环境形势的进一步恶化，提升我国在环境保护方面的国际形象等，必将产生积极而深远的影响。

三、促进环境硬件绿色升级，“建”工立业

围绕着促进资源利用效率显著提高，节能减排任务全面完成，控制温室气体排放取得明显进展，城乡环境基础设施基本覆盖，环境质量持续改善，生态系统服务与保障功能逐渐增强的总体目标，江西省在生态建设、环境保护、绿色产业等方面，加快梳理一批优质重大项目、重大工程。

（一）实施重点生态工程，巩固生态建设成果

按照省里部署，重点推进生态文明先行示范区的八大重点生态建设工程。

鄱阳湖水利枢纽工程：按照“控枯不控洪、建闸不建坝、拦水不蓄水、建管不调度”的原则与理念，积极推进鄱阳湖水利枢纽工程建设，提升鄱阳湖及长江中下游水生态综合保障水平。

水生态建设工程：开展仙女湖、陡水湖、柘林湖、万安湖等优质湖泊生态环境保护试点；推进水生态监测系统建设，提高入河水质，确保饮用水源地安全；加强水生物保护区建设，加大增殖放流工作力度。

赣抚尾闾整治及水系连通工程：实施南昌市赣抚尾闾水系连通

工程，整治入鄱阳湖水道，打通赣江、抚河航道，全面活化河湖水系，改善河湖健康。

水生生物资源保护：加快水产种质资源保护区建设，加大对天然水产种质资源的保护力度，加大对水生生物资源及其生存环境的调查监测、资源养护和生态修复等工作的投入力度。每年新增国家级水产种质资源保护区 1 个以上，力争 2017 年国家级水产种质资源保护区达到 27 个。

森林质量提升工程：在江西启动低产低效林改造试点，推广良种造林，着力调整林分结构，提升森林质量，支持江西油茶林抚育享受中幼林抚育政策；加大对生态公益林的补偿力度，尽快提高补偿标准，实行有利于保护林农和造林者积极性的激励机制。

木材战略储备基地示范项目：重点在赣州、吉安、上饶、抚州、宜春等地建设杉木、松树、樟树、木荷、楠木等大径材及乡土珍贵树种培育基地，建成千万亩木材战略储备基地。

自然保护区、风景名胜区、水产种质资源保护区和森林公园升级工程：加大建设支持力度，提高自然保护区、风景名胜区、水产种质资源保护区和森林公园保护和建设水平，支持有条件的升格为国家级。努力实现自然保护区、风景名胜区、水产种质资源保护区和森林公园升格国家级年均 1 个以上，省级年均 2 个以上，力争到 2020 年国家级自然保护区、国家级风景名胜区、水产种质资源保护区和国家森林公园分别达到 19 个、20 个、31 个、52 个以上。

城市植物园建设及功能提升工程：加大城市植物园规划建设力度，到 2020 年全省地级以上（含）城市建设（或改造提升）具备种质资源迁地保护、科普教育功能的植物园各 1 个，共 11 个。

（二）实施污染治理工程，加强配套设施建设

实施工业园区污水治理工程，抓好污水处理厂及配套管网等项

目建设，工业废水实现稳定达标排放；加大城镇生活污水处理设施和配套管网建设力度，提升城镇污水处理水平，城镇污水处理率达到85%以上；重要水系及支流的水质100%达标，全县居民生活供水水源的水质始终高于国家规定标准。

工业园区污水治理工程：积极推进工业园区污水集中处理设施和配套管网建设，坚持“一厂一策”科学选择处理工艺，到2017年全省工业园区新建污水配套管网2000公里，实现全省省级以上工业园区污水处理设施建设全覆盖。

城镇污水处理工程：重点完善县（市）污水收集系统和雨污分流系统，启动部分市县污水处理二期工程建设，增加脱氮除磷设施。在滨湖控制开发带、水源保护区范围内，优先建设乡镇生活污水处理设施。到2017年，城镇生活污水集中处理率达到85%以上。

大气治理工程：实施大气污染防治工程，完善设区市PM2.5数据实时监测网络，加快实施重点行业大气污染治理、挥发性有机物污染治理等项目，对钢铁、纺织、光伏等重点行业脱硫脱硝、除尘设施改造升级，推进机动车尾气污染和工地扬尘防治工程。

土壤修复工程：实施重金属土壤污染治理工程，推进孔目湖江区铅锌矿、贵溪铜矿等区域的重金属污染防治试点工作。

农业面源污染控制工程：建设乡村清洁工程示范村、畜禽标准化养殖场（小区）、集中供气户用沼气、规模养殖场大中型沼气工程，以及水稻等作物病虫害安全用药示范区。

（三）推动清洁能源工程建设，优化能源结构

加快推进能源结构调整，控制煤炭消费总量，因地制宜加快发展清洁能源，提高可再生能源比重，进一步优化能源结构。

核电建设工程：争取“十三五”开工建设彭泽核电站2×125

万千瓦机组，规划建设万安核电站，开展其他堆型核电项目前期工作。

风能发电工程：重点开发九江泉山、桃源、文桥、大浩山、南港湖、江洲、新洲；赣州屏山、狮头山、天星、仙鹅塘、茶园；吉安清秀、天湖山、钓鱼台、灵华山、高龙山；抚州鸭公嶂、青莲山、虎圩；宜春升华山、玉华山、太阳岭和鹰潭耳口风等风电场。

太阳能发电工程：以工商业建筑、公共建筑、居民建筑、独立光伏电站为重点推进光伏发电应用。力争建成新余高新区等分布式光伏发电示范区，推进万家屋顶光伏发电示范工程。

水电建设工程：推进新干、井冈山等水电站和洪屏抽水蓄能二期电站，2017 年水电装机规模达到 510 万千瓦，2020 年达到 570 万千瓦（均不含抽水蓄能项目容量）。

天然气利用工程：建设西气东输三线和新粤浙江西境内工程和省天然气管网工程，建成湖口液化天然气储配项目和压缩天然气加气母站。

（四）推行节能工程，创造绿色生活

深入贯彻落实《中华人民共和国节约能源法》、《民用建筑节能条例》，加快推进绿色建筑工程的实施，创建绿色节能城市。将建筑节能标准等纳入设计、施工、监理、竣工和房屋验收等各个环节，强化了对施工图纸的检查力度，凡未经审图中心盖章的施工图纸一律不得用于施工。除此之外，所有施工图、设计修改图目录和修改图纸都必须有审查机构加盖的审查专用章，各在建工程必须按照有效的图纸进行施工，对不符合要求的施工图纸，相关单位必须及时改正和完善。施工过程中，加强对施工单位使用材料和施工过程的监督检查，建立健全相关制度，逐步完善绿色建筑监管体系，促进建筑节能与绿色建筑监管工作科学化、规范化。对于公共建筑的节能分项工程，建设单位应单独验收，资料单独整理成册，将节能工程竣工验收报告报建筑管理机构备案。

重点推行节能环保的“绿色照明工程”，大力推广LED高效光源，在省内重点区域开展“智能照明”试点示范，推进照明的智能化和精细化管理。大力推广使用高效节能电光源、太阳能光电板和高效节能灯具，加强对照明节电工程的管理力度，提高能源利用率，实施“淘汰白炽灯行动计划”。根据不同场合（所）的不同照度要求，设计并安装最佳照明方案；研发新的高效能电光源、节能灯具和照明控制设备，并进行科学合理的灯光设计和灯具布置；在满足基本要求的前提下减少亮灯时间；尽量利用自然光（阳光）入室参与照明，以减少总照明耗电量；利用光电板将太阳能储存为电能，供建筑物夜间使用，要让全民牢固树立节电意识，自觉节电，从我做起、从小事做起（人走灯灭），科学用电、节约用电。

政府鼓励电机行业进行技术创造，实现产品性能向高效节能、精密控制和系统集成化方向转型升级，不断推出新型电机及控制产品，政府可将高效电机纳入节能产品惠民工程实施范围，采取财政补贴的方式促进高效节能电机、节能变压器等一批节能产品产业化及其应用。

（五）实施防灾减灾工程，做好安全防护

加强防汛抗旱工程和非工程体系建设，构建非工程措施与工程措施相结合的山洪灾害综合防御体系；大力实施大中型病险水库、水闸除险加固工程和江河堤防达标加固工程，加强蓄滞洪区建设，加快实施小型水库、引调提水工程等抗旱应急水源工程；推进山洪灾害防治、防汛抗旱指挥系统项目建设，完善监测预警系统和群测

群防体系；加强地质灾害防治体系建设，完善地质灾害气象预警预报系统；加强矿产资源开发引起的崩塌、滑坡、泥石流、地面塌陷和尾矿库安全隐患综合治理；做好地质灾害防患点避灾搬迁和工程治理；加强农林生物灾害防治体系建设，实施林业有害生物监测预警、检疫、防治工程；健全森林火灾防控体系，加强国家森林公园、自然保护区、风景名胜区和其他重点区域火情预警监测能力建设，加快实施生物防火林带、林区防火道路和林火阻隔网络建设工程；加强自然灾害监测预警能力建设，新建水质自动监测站，全面推进饮用水源水质自动监测站和地表水交接断面水质自动监测系统建设，加强对极端天气和气候事件的监测、预警和预防，提高自然灾害监测预警能力。

（六）建设绿色低碳工程，推行循环发展模式

深入推进国家低碳城市试点建设项目；加快国家循环经济示范城市建设，推进国家“城市矿产”、“双百工程”试点等；构建便民利民的回收网络，开展智能回收试点、回收分拣集聚区建设试点等。力争到2020年，省辖市基本实现城市生活垃圾分类收集处置，建筑垃圾资源化利用率达70%以上等。推进城镇生活垃圾无害化处理设施建设，“五河”和东江源头保护区及鄱阳湖周边乡镇垃圾全部实现无害化处理，城镇生活垃圾无害化处理率达到85%以上。

（七）绿色美好家园建设工程

统筹城市地上地下建设，推进海绵城市建设，综合采取“渗、滞、蓄、净、用、排”等措施，实现对雨水的吸纳和利用，实现城市良性水循环。让海绵城市建设不仅仅限于试点城市，而是所有城

市都应该重视这项“里子工程”。海绵城市建设在改善环境同时，也将引导城市的绿色生态转型，带来数以亿计的产业发展机遇。海绵城市建设要因地制宜，分类实施，对山区城市而言，涵养水源是关键；对湖区城市而言，净化水体是关键；对旧城而言，修复提质是关键；对新城而言，保护“海绵体”是关键。

提升城镇园林绿化，推进绿色乡村建设。坚持“绿色、生态”发展的理念，立足自身山水自然条件，并结合美好乡村建设、森林增长工程以及新型城镇化建设，扎实推进城镇园林绿化提升建设，城镇园林绿化水平进一步提高，绿化覆盖率进一步提升。组织编制城镇绿地系统规划及绿道规划，科学制定城镇出入口、主要道路和水系绿化等专项建设规划，强化绿线管理；在编制规划时，应充分考虑自然文化条件，注重保护山体、水系、湿地、林地等生态敏感区域，合理布局公园绿地，以规划引领城镇园林绿化提升建设；绿化工程与主体工程做到同步规划、同步建设，加强对工程项目设计、施工、验收等各个环节的监管，严把绿地率审核关，确保绿化建设品质；对已建成绿地和规划绿地进行有效保护和控制，坚持建、管、养并重，完善各项管理制度，加强园林绿化养护管理和行业指导；积极推行园林绿化建设、养护、监管分离的市场化运作机制，全面实行“建管分开、管办分离”的模式，全面放开园林绿化建设、养护市场，优先采取政府购买服务方式，提高管理养护效率和水平，全面城镇园林绿化质量。

（八）塑造生态文明风尚工程，推行绿色生活方式

在全省创建国家生态文明先行示范区试点，培养节俭养德的思想，带动全民节约行动、低碳绿色出行。开展绿色低碳产品推广，引导绿色消费，培育绿色生活方式；实施公共交通设施、充换电站

（桩）设施建设项目等。到2020年，全省城区人口100万人以下、100万~300万人、300万人以上城市，万人公共交通车辆拥有量分别达到12、16、17标台以上。

四、强化资源能源全面节约，高效利“用”

（一）实行节水、节能管理制度，建设节约型社会

建立专门的节水节能管理组织机构，制定严格的节水管理和考核制度，完善的指标控制与考核体系，以量化指标、细化措施、强化责任、硬化奖惩四个方面为基础，重点对节水指标进行控制，强化节奖超罚力度，实现节水管理整体效能的提升；加强能源消费总量和能耗强度双控制，强化电力需求侧管理、合同能源管理等措施，严格节能标准和节能监管，以钢铁、有色、水泥、焦炭、造纸、印染等行业为重点，加快企业节能降耗技术。

江西省应重点加大对资源节约和循环利用关键技术的攻关力度，组织开发有重大推广意义的资源节约和替代技术，努力突破技术瓶颈，大力推广应用节约资源的新技术、新工艺、新设备和新材料；政府应重点支持一批资源节约和综合利用的技术开发和技术改造项目；并且严格限制高耗能、高耗材、高耗水产业的发展，坚决淘汰严重耗费资源和污染环境的落后生产方工；在人民群众中大力宣传节约资源的重要性和紧迫性，在全社会树立节约意识，建设节约文化，倡导节约文明，形成“节约光荣、浪费可耻”的良好社会风尚；加强节约资源培训工作，广泛开展节约资源科普教育，使广大群众掌握节约资源的基本知识和方式方法；应坚持政府带头、领

导带头，从我做起、从现在做起、从点滴做起，使节约每滴油、每升水、每度电、每斤粮成为每个单位和每个社会成员的自觉行动。

（二）通过多措施并举，构建资源循环利用体系

通过生产、流通、消费全过程资源节约，大幅提高能源利用效率；以节能减排、清洁生产为抓手，大幅降低能耗、碳排放、地耗和水耗强度，构建覆盖全社会的资源循环利用体系。构建循环型工业体系：在工业领域全面推行循环型生产方式，促进清洁生产、源头减量，实现能源梯级利用、水资源循环利用、废物交换利用、土地节约集约利用，大力发展有色金属及深加工产业、新能源及装备制造业、化工循环产业，不断延伸有色金属及深加工、冶金、硫化工、氯碱化工、氟化工、磷化工、煤化工、清洁能源、建材、再生资源利用十大产业链条；构建循环型农业体系：在农业领域推动资源利用节约化、生产过程清洁化、产业链接循环化、废物处理资源化，形成农林牧渔多业共生的循环型农业生产方式，改善农村生态环境，提高农业综合效益，力争建设国家级农作物生产示范区、现代循环农业示范园等，推动农业资源节约和循环利用；构建循环型服务业体系：推进社会层面循环经济发展，完善再生资源和垃圾分类回收体系，做好大宗固体废弃物、餐厨废弃物、农村生产生活废弃物、秸秆和粪污等资源化利用，充分发挥服务业在引导树立绿色低碳循环消费理念、转变消费模式方面的作用。

五、将生态优势转化为经济优势，“势”在必行

坚持把“绿水青山就是金山银山”作为江西省发展的根本指导

思想，这既是中央对江西省提出的更高要求，也是江西省破解生态环境保护与加快经济发展的“两难”课题。江西省有着良好的生态条件，只要你们守住了这方净土，就守住了“金饭碗”，生态产业特色鲜明，把建设全国生态保护和生态经济发展的“双示范区”作为推进生态文明建设的主要平台、载体和抓手；大力发展生态农业、生态工业、生态服务业三大产业，以及生态旅游业、休闲养生（养老）产业、文化创意产业等三大特色产业构成的“3+3”的六大生态产业；科学、精准、超前谋划“生态、生产、生活”空间布局。通过绿色发展，让“生态变绿、生产变富、生活变美”。不仅要实现经济翻番的战略目标，即到2020年，全省GDP、人均GDP、城镇居民人均可支配收入、农村居民人均可支配收入比2010年翻一番。而且要做好生态、经济、民生、平安、党建等“五张报表”，力争市民生活满意度、生态环境质量公众满意度、群众安全感满意率、食品安全群众满意率、市民对卫生状况的总满意率都有所提高。

生态优势转化为经济优势，首先应该抓住顶层设计，建立起“战略构想—纲要实施—评估考核—改革创新”的生态文明建设实践体系，并做到一张蓝图绘到底、一任接着一任干。在起步阶段会面临投入“瓶颈”制约，对政策、智力、技术、市场和资金等方面的共性需求紧迫，急需打造成套公共服务平台，提高相关要素投入和交易效率。探索建设生态经济研究所，整合省内与全国优秀智力资源，为试验区和其他县区的生态经济建设提供全方位智力资源和决策支持；打造小流域综合治理协同创新与技术服务中心，依托流域综合治理、水库湖泊国家试点、美丽乡村建设等流域生态工程，吸收企业、高校和科研院所等相关方参与，创新小流域综合治理的理论、方法、技术，走产学研一体化道路，发展流域污染治理和景观再造等产业；筹建生态环保技术博览城，依托先进适用生态环保技术集成应用的典范，吸引知名生态环保企业落户江西，打造集研发、生产、应用、评价、展示、交易等于一体的综合示范和交易平台，建设线上线下展馆，实现“处处皆展馆”；建设生态产品交易平台，以水生态服务公共采购、水权和排污权交易等为前期重点，培育第三方治理企业，率先开展生态产品交易和总结市场建设经验与模式，创新绿色金融产品，做成生态产品交易与绿色金融的重要中心；探索建立生态经济投资服务集团，通过引入高水平的创业团队和先进管理模式，为生态经济的市场化运营提供全方位一站式专业服务，涵盖生态经济建设项目的策划、招商引资、运营服务、市场推广等，探索推广生态经济开发的公司合营模式（PPP）。

要把生态文明建设的理念、制度落到实处，关键是建立完善一套符合生态文明导向、科学管用的考核体系，充分发挥考核的指挥棒作用。考核指标按照考核区域分为三类：一是城市核心区侧重于城市建设、城乡统筹和经济社会发展兼顾的考核导向；二是生态经济区侧重于生态经济发展和生态保护并重的考核导向；三是生态保护区侧重于生态保护优先的考核导向，取消了 GDP 考核。重点考核发展、生态、民生、平安、党建等五个方面，明确责任，奖优罚劣，确保生态文明建设各项重点工作加快落实。

第六章

打造“江西样板”的实现路径：构建绿色产业体系

一、引　言

绿色产业是生态文明建设的基础，也是未来经济社会发展的引擎。江西省建设国家生态文明试验区离不开绿色产业的发展。国际绿色产业联合会给出了绿色产业的定义——“如果产业在生产过程中，基于环保考虑，借助科技，以绿色生产机制力求在资源使用上节约以及污染减少的产业，即可称其为绿色产业”。绿色产业又被分为狭义的绿色产业和广义绿色产业。狭义的绿色产业包括提供清洁生产技术和服务的产业、回收再生资源以创造生态化的产业、应用再生资源生产再生产品的产业、提供再生能源产品与系统制造的产业以及关键性环境保护相关产业。广义的绿色产业包括在工业制程、产品与服务中，持续进行清洁生产之改善的制造业；在进行金融贷款服务时，考虑业者之绿色程度给予不同之额度或优惠，协助业者之绿色化的金融服务业；于行业形态中时时考虑所使用之物品或系统中，均以绿色产品或包装为优先考量者，亦可视为一绿色产业；进行旅游时推动永续旅游之形式，以降低环境资源之冲击，同时针对特定人士及保护区进行生态旅游以保护环境敏感区域的旅游业；其他所有在企业经营中考虑到永续性发展，推展绿色文化之产业，均可视为广义的绿色产业（傅崇德）。

围绕如何发展绿色产业，现有文献主要围绕“对策建议”和“指标评价”两方面展开讨论。在北大核心数据库和CSSCI数据库中以“绿色产业”为篇名共检索出158篇文献，其中最早的文献出现在1992年（见图6-1）。从关键词分布来看，文献中与“绿色产业”关联最紧密的关键词分别为“可持续发展（8篇）”、“发展（6篇）”、“对策（6篇）”、“绿色产业评价（5篇）”、“指标体系（5篇）”。

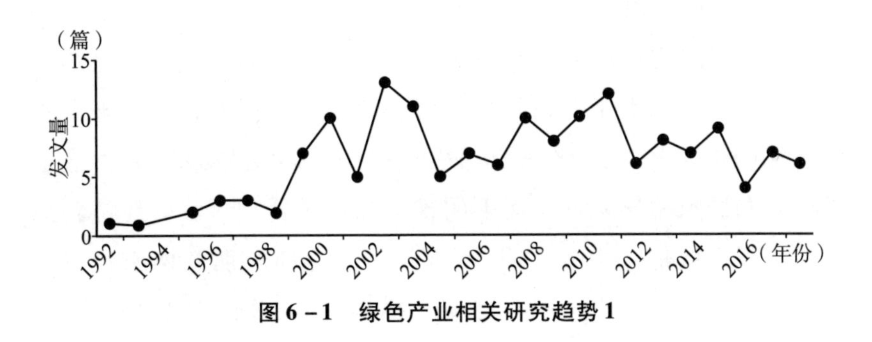

图6-1　绿色产业相关研究趋势1

以“绿色产业”为关键词共检索出119篇文献，最早的文献出现在1995年（见图6-2）。从关键词分布来看，文献中与“绿色产业”关联最紧密的关键词分别为“可持续发展（11篇）”、“绿色壁垒（7篇）”、“绿色金融（6篇）”、“生态环境（5篇）”、“对策（5篇）”、“县域经济（5篇）”。

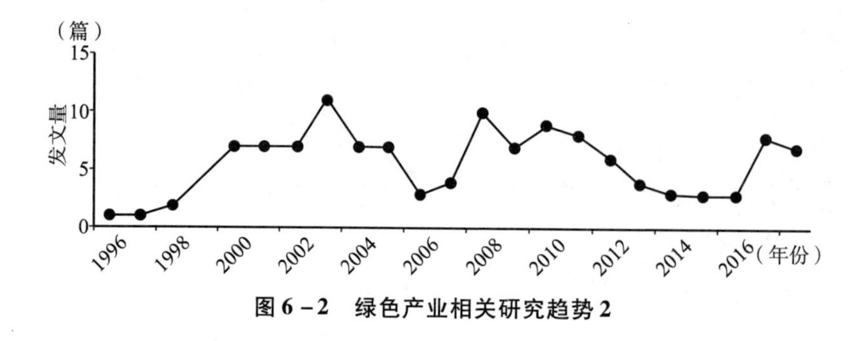

图 6－2　绿色产业相关研究趋势 2

从图 6－1 和图 6－2 看出，相关研究在 2002 年达到最高峰，2016 年关于“绿色产业”的研究又掀起了新的研究高潮。通过文献计量学的分析可以发现，相关研究主要涉及发展经济学、区域经济学、环境经济学和宏观经济学等学科，研究方法以质性研究为主，研究内容以“对策研究”为主；一小部分文献用到了统计学等定量方法，研究内容以“指标体系”为主。

相关文献的年度发表趋势和所关注的关键词与经济社会热点高度相关。近二十年来，我国经济高速增长的同时，也带来了不可忽视的生态环境恶化问题。适时的经济转型是必需的和迫切的，党和国家领导人自上而下的推动加速了转型过程。经济转型的政策抓手就是“生态文明”，而通过“生态文明”的必经之路就是“绿色产业”。“二战”之后，欧美等发达国家也经历了经济发展的“黄金期”，伴随全球人口的增长和“消费主义”思潮的盛行，生态环境恶化也成了世界问题。地球的未来取决于世界经济向“绿色增长”的快速转型（丹尼·罗德里克，2013）。随着可持续发展战略的提出，人们对绿色环保的理念越来越重视，这种观念的转变，促使着很多绿色产业的兴起（崔冰，2016）。与传统的产业分类方法不同，绿色产业是以其对环境友好为基本的标准，既包括对现有产业的绿色化改造，也包括一些相关的新兴产业（陈飞翔，石兴梅，2006）。我国学者在研究时更倾向于使用广义的绿色产业概念，即绿色产业并不是单指环保产业，它是泛指企业采取了低能耗、无污染的技术，产品在生产、使用和回收等过程中不含对环境造成污染、破坏的企业联合体（林毓鹏，2000）。

绿色产业评价是发展低碳经济，实现经济、社会与生态环境可持续发展的必要环节，建立合理的指标体系是绿色产业评价的关键（石宝峰，迟国泰，2014）。在界定概念的基础上，部分学者构建了绿色指标体系，评价了绿色产业的发展现状。构建评价指标体系的维度主要有产业发展水平、产业发展潜力、资源综合利用、污染控制、社会效益和公众效益（石宝峰，迟国泰，2014；United Nation Industrial Development Organization，2012），绿色生产、绿色消费、绿色环境（陈飞翔，石兴梅，2000；World Commission on Environment and Development（WCED），1987；United Nations Environment Programme（UNEP），2005）。被广泛应用的指标体系包括联合国工业发展组织建立的亚洲绿色产业发展指标体系（United Nation Industrial Development Organization.，2012），世界环境和发展委员会建立的城市绿色发展评价指标体系（World Commission on Environment and Development（WCED），1987），联合国环境计划署建立的城市综合环境评估指标体系（United Nations Environment Programme（UNEP），2005）和绿色经济指标体系（United Nations Environment Programme（UNEP），2011），国际节能环保协会建立的城市生态发展重点指标（International Energy Conservation Environmental Protection Association（IEEPA），2010），英国政府统计处建立的英国可持续发展指标（A Selection of UK Government's Indicators of Sustainable Development Sustainable development indicators in your pocket，2004），中国节能协会节能服务产业委员会建立的绿色节能指标体系（中国节能协会节能服务产业委员会（EM-

CA），2009），中国环保部建立的“十二五”期间城市环境综合整治定量考核指标（中华人民共和国国家环境保护部，2012），北京市发展和改革委员会建立的“绿色北京”指标体系（北京市发展和改革委员会，2011）。由于存在匹配问题，现有指标体系一般不能直接被用于待评价对象。经过修订的指标体系，可能仍存在冗余信息问题，需要进一步剔除或合并某些指标。主要采用基于钻石模型和因子分析的方法（王军，井业青，2012），网络层次分析法（尹艳冰，2010；朱春红，马涛，2011）、主成分分析（陈洪海，迟国泰，2014）、聚类分析（陈飞翔，石兴梅，2000）、相关分析和专家打分法（杜永强，迟国泰，2015）来修订现有指标体系。评价的对象主要包括国家绿色产业（UNEP，2005）、省区绿色产业（王军，井业青，2012）和城市绿色产业（陈飞翔，石兴梅，2000）等。

除了构建指标体系，评价绿色产业发展外，更多的学者探讨了应该如何发展绿色产业。要建立绿色产业结构体系必须革新观念，构筑绿色产业发展的体制机制，实行政府主导的绿色政策，夯实绿色产业建设的基础平台，提升现有的产业结构，处理好承接产业转移和绿色产业发展的关系（高超，2010）。要坚持以绿色理念为杠杆，以绿色发展为目标，以绿色产业为载体，按照高碳产业低碳化、低端产业高端化的总体要求，撬动传统产业结构板块，发展绿色产业（张正清，刘松荣，石雯静，2010）。在我国应提高公众的绿色意识，倡导绿色消费新时尚，培养发展绿色产业所需的各类人才，构建绿色产业发展的宽松环境并强化绿色立法、执法（吴秀云，卫立冬，2005）。建绿色产业型城市应坚持非均衡发展的原则，加强末端污染控制和绿色产品的开发，配套相关政策，完善各级政策体系，健全相关激励机制（杨懋，张海军，2012）。除了发展战略、法律法规、政策制度外，绿色产业在发展的过程中还面临各种资金问题，需要金融增加供给并改善供给结构来支持绿色产业的发展（孙志红，李娟，2017）。为此，央行联合七部委在2016年8月下发了《关于构建绿色金融体系的指导意见》，这是全球首个由政府主导，覆盖银行、证券、保险等金融全领域的绿色金融政策体系，也是提升金融机构服务绿色产业能力的纲领性文件（何鑫，2016）。但从实践来看，金融效率及金融结构对绿色产业发展支持不明显，应进一步创新融资模式、增强资本市场“造血”功能及改善金融“软环境”（李文，马润平，2016），从提高融资效率、优化融资结构和创新融资模式等三个方面充分调动资本市场对绿色产业技术创新的支持功能（徐枫，丁有炜，2016）。在发展绿色产业过程中，只有依靠科技创新才能实现经济、社会和生态的可持续协调发展（李群，白滇生，彭靖里，2003）。在产业升级过程中，政府不但要采取措施加大创新和创业的活跃度，也应该注意平衡创新和创业活跃度（李胜文，杨学儒，钟耿涛，2016）。绿色产业发展必须依靠技术进步（马晓红，陈新川，2005），要将自主创新融入产业升级过程中，在第二、第三产业中选择重点产业进行支持（吴丰华，刘瑞明，2013）。

二、江西省绿色产业发展评价

本研究中所涉及的绿色产业概念为广义绿色产业的概念。参考国内外权威机构和学者的经典指标，并考虑数据的可得性，构建了反映绿色产业内涵的绿色产业评价指标体系。指标体系由目标层、准则层和指标层构成。其中，绿色产业分为水平、质量和效率三个二级指标构成，三个二级指标又各包含6个三级指标。

（一）指标数据的标准化

指标单位不一致会影响最终的评价结果，因此，采用归一化方法将原始数据压缩为区间［0，1］的数以消除量纲的影响。表6-1中的指标分为正向指标和负向指标。其中，正向指标数值越大，表明绿色产业发展越好，负向指标数值越小，表明绿色产业发展越好。

对于正向指标数值，有如下标准化公式：

设 p_{ij} 为地区 i 指标 j 标准化值；V_{ij} 为地区 i 指标 j 的指标值，n 表示地区数。

$$p_{ij}=\frac{V_{ij}-\min\limits_{1\leqslant i\leqslant n}(V_{ij})}{\max\limits_{1\leqslant i\leqslant n}(V_{ij})-\min\limits_{1\leqslant i\leqslant n}(V_{ij})} \tag{6.1}$$

对于负向指标数值，有以下标准化公式：

$$p_{ij}=\frac{\max\limits_{1\leqslant i\leqslant n}(V_{ij})-V_{ij}}{\max\limits_{1\leqslant i\leqslant n}(V_{ij})-\min\limits_{1\leqslant i\leqslant n}(V_{ij})} \tag{6.2}$$

公式（6.1）表示指标值与最小值的偏差相对于极差的距离，反映了指标值越大，标准化后的值越大。公式（6.2）反映了指标值越小，标准化后的值越大。

（二）样本选取与数据来源

由于各省市区经济水平、产业基础、资源禀赋和地理环境不同，为了全面、客观和真实地评价各地区的绿色产业发展水平，本文选取了反映绿色生产、绿色消费和绿色环境的28个指标。根据《2016年中国统计年鉴》以及各省份环境统计公报（2016年）的统计数据，运用SPSS18.0软件对30个省市区的绿色产业指标做筛选，最终保留了18个指标（见表6-1）。

表 6-1　绿色产业评价指标汇总

一级指标	指标	三级指标	指标性质
区域绿色产业	环境治理与保护	地方财政环保支出（亿元）	正
		二氧化硫排放量（吨）	负
		氮氧化物排量（吨）	负
		粉尘排放量（吨）	负
		工业废水排放量（万吨）	负
		化学需氧量排放量（万吨）	负
	绿色发展质量	第三产业占地区生产总值比重（%）	正
		出入境货物检验检疫合格率（%）	正
		技术市场成交额占地区生产总值比重（%）	正
		地区人均专利授权量（项/人）	正
		每万人拥有公共交通车辆（辆/万人）	正
		人均私人汽车拥有量（辆/人）	负
	绿色发展效率	单位地区生产总值能耗增长率（%）	负
		单位工业增加值能耗增长率（%）	负
		单位农业增加值水消耗量（立方米/元）	负
		单位工业增加值二氧化硫排量（吨/亿元）	负
		人均电能源消费量（千瓦小时/人）	负
		人均生活用水量（立方米/人）	负

1. 主成分分析

环境治理与保护指标反映了各地区绿色产业发展时环境污染与治理的水平。共包含6个三级指标。表6-2中的KMO系数为0.772，Bartlett概率值近似等于0，说明可以对指标做主成分分析，提取主成分，并从现有指标中剔除冗余信息。

表 6－2　环境治理与保护指标的 KMO 和 Bartlett 的检验

取样足够度的 Kaiser－Meyer－Olkin 度量		0.772
Bartlett 的球形度检验	近似卡方	157.016
	df	15
	Sig.	0.000

表 6－3 报告了环境治理与保护指标解释的总方差，其中按照初始特征值大于 1 保留两个主成分。由旋转平方和载入后的累计方差可知，两个主成分共保留了原来 87.08% 的信息量，其中，主成分 1 保留了 47.05% 的信息量，主成分 2 保留了 40.03% 的信息量。

表 6－3　环境治理与保护指标解释的总方差

成分	初始特征值			提取平方和载入			旋转平方和载入		
	合计	方差%	累积%	合计	方差%	累积%	合计	方差%	累积%
1	4.019	66.984	66.984	4.019	66.984	66.984	2.823	47.054	47.054
2	1.206	20.098	87.082	1.206	20.098	87.082	2.402	40.028	87.082
3	0.401	6.691	93.773						
4	0.196	3.273	97.046						
5	0.126	2.094	99.140						
6	0.052	0.860	100.00						

注：采用主成分分析法提取公因子。

表 6－4 报告了环境治理与保护指标的旋转成分矩阵。由此可知，主成分 1 支配了“二氧化硫排放量”、“氮氧化物排量”和“粉尘排放量”，而主成分 2 支配了“工业废水排放量”、“化学需氧量排放量”和“地方财政环保支出”。

表 6－4　　环境治理与保护指标的旋转成分矩阵

三级指标	主成分	
	1	2
二氧化硫排放量	0.922	0.238
工业废水排放量	0.170	0.934
地方财政环保支出	－0.166	－0.864
氮氧化物排量	0.857	0.471
粉尘排放量	0.948	0.094
化学需氧量排放量	0.534	0.704

注：提取方法为主成分分析法；旋转法采用了具有 Kaiser 标准化的正交旋转法。

表 6－5 报告了环境治理与保护指标的成分得分系数矩阵。由此根据标准化之后的原始数据可以计算出标准化的成分得分（见表 6－15）。由初始特征值计算出两个主成分的权重，然后对两个主成分加权，可以得到绿色产业在环境治理与保护指标上的最终得分。

表 6－5　　环境治理与保护指标的成分得分系数矩阵

三级指标	成分	
	1	2
二氧化硫排放量	0.388	－0.126
工业废水排放量	－0.184	0.495
地方财政环保支出	0.166	－0.456
氮氧化物排量	0.289	0.029
粉尘排放量	0.442	－0.217
化学需氧量排放量	0.063	0.257

注：提取方法为主成分分析法；旋转法采用了具有 Kaiser 标准化的正交旋转法。

绿色发展质量指标反映了各地区绿色产业发展的质量。共包含6个三级指标。表6－6中的KMO系数为0.723，Bartlett概率值近似等于0，说明可以对指标做主成分分析，提取主成分，并从现有指标中剔除冗余信息。

表6－6　　绿色发展质量指标KMO和Bartlett的检验

取样足够度的Kaiser－Meyer－Olkin度量		0.723
Bartlett的球形度检验	近似卡方	91.305
	df	15
	Sig.	0.000

表6－7报告了绿色发展质量指标解释的总方差，其中按照初始特征值大于1保留两个主成分。由旋转平方和载入后的累计方差可知，两个主成分共保留了原来77.50%的信息量，其中，主成分1保留了58.35%的信息量，主成分2保留了19.15%的信息量。

表6－7　　绿色发展质量指标解释的总方差

成分	初始特征值			提取平方和载入			旋转平方和载入		
	合计	方差%	累积%	合计	方差%	累积%	合计	方差%	累积%
1	3.512	58.541	58.541	3.512	58.541	58.541	3.501	58.348	58.348
2	1.138	18.959	77.500	1.138	18.959	77.500	1.149	19.152	77.500
3	0.557	9.282	86.783						
4	0.404	6.730	93.513						
5	0.257	4.285	97.799						
6	0.132	2.201	100.000						

注：提取方法为主成分分析法；旋转法采用了具有Kaiser标准化的正交旋转法。

表6－8报告了绿色发展质量指标的旋转成分矩阵。由此可知，主成分1支配了“第三产业占地区生产总值比重”、“技术市场成交额占地区生产总值比重”和“地区人均专利授权量”、“每万人拥有公共交通车辆”和“人均私人汽车拥有量”，而主成分2支配了“出入境货物检验检疫合格率”。

表6－8 绿色发展质量指标的旋转成分矩阵

三级指标	成分	
	1	2
第三产业占地区生产总值比重	0.799	0.265
出入境货物检验检疫合格率	－0.028	0.951
技术市场成交额占地区生产总值比重（%）	0.817	0.356
地区人均专利授权量（项/人）	0.862	－0.071
每万人拥有公共交通车辆（辆/万人）	0.895	－0.146
人均私人汽车拥有量（辆/人）	－0.806	0.146

注：提取方法为主成分分析法；旋转法采用了具有Kaiser标准化的正交旋转法。

表6－9报告了绿色发展质量指标的成分得分系数矩阵。由此根据标准化之后的原始数据可以计算出标准化的成分得分（见表6－15）。由初始特征值计算出两个主成分的权重，然后对两个主成分加权，可以得到绿色产业在绿色发展质量指标上的最终得分。

表6－9 绿色发展质量指标的成分得分系数矩阵

三级指标	成分	
	1	2
第三产业占地区生产总值比重	0.219	0.199
出入境货物检验检疫合格率	－0.047	0.835

续表

三级指标	成分	
	1	2
技术市场成交额占地区生产总值比重（%）	0.220	0.278
地区人均专利授权量（项/人）	0.251	-0.098
每万人拥有公共交通车辆（辆/万人）	0.263	-0.165
人均私人汽车拥有量（辆/人）	-0.238	0.162

注：提取方法为主成分分析法；旋转法采用了具有 Kaiser 标准化的正交旋转法。

绿色发展效率指标反映了各地区绿色产业发展的效率。共包含6个三级指标。表6－10中的KMO系数为0.653，Bartlett概率值近似等于0，说明可以对指标做主成分分析，提取主成分，并从现有指标中剔除冗余信息。

表6－10　绿色发展效率指标KMO和Bartlett的检验

取样足够度的 Kaiser－Meyer－Olkin 度量		0.653
Bartlett 的球形度检验	近似卡方	109.298
	df	15
	Sig.	0.000

表6－11报告了绿色发展效率指标解释的总方差，其中按照初始特征值大于1保留两个主成分。由旋转平方和载入后的累计方差可知，两个主成分共保留了原来76.94%的信息量，其中，主成分1保留了43.70%的信息量，主成分2保留了33.24%的信息量。

表 6－11　　绿色发展效率指标解释的总方差

成分	初始特征值			提取平方和载入			旋转平方和载入		
	合计	方差%	累积%	合计	方差%	累积%	合计	方差%	累积%
1	3.343	55.723	55.723	3.343	55.723	55.723	2.622	43.697	43.697
2	1.273	21.218	76.941	1.273	21.218	76.941	1.995	33.244	76.941
3	0.679	11.321	88.262						
4	0.467	7.784	96.045						
5	0.171	2.845	98.890						
6	0.067	1.110	100.000						

注：提取方法为主成分分析法；旋转法采用了具有 Kaiser 标准化的正交旋转法。

表 6－12 报告了绿色发展效率指标的旋转成分矩阵。由此可知，主成分 1 支配了“单位农业增加值水消耗量”、“人均电能源消费量”和“人均生活用水量”和“单位工业增加值二氧化硫排量”，而主成分 2 支配了“单位地区生产总值能耗增长率”和“单位工业增加值能耗增长率”。

表 6－12　　绿色发展效率指标的旋转成分矩阵

三级指标	成分	
	1	2
单位农业增加值水消耗量（立方米/元）	0.916	0.239
人均电能源消费量（千瓦小时/人）	0.657	0.442
人均生活用水量（立方米/人）	0.869	0.117
单位工业增加值二氧化硫排量（吨/亿元）	0.724	0.074
单位地区生产总值能耗增长率（%）	0.250	0.918
单位工业增加值能耗增长率（%）	0.099	0.938

注：提取方法为主成分分析法；旋转法采用了具有 Kaiser 标准化的正交旋转法。

表6－13报告了绿色发展效率指标的成分得分系数矩阵。由此根据标准化之后的原始数据可以计算出标准化的成分得分（见表6－15）。由初始特征值计算出两个主成分的权重，然后对两个主成分加权，可以得到绿色产业在绿色发展效率指标上的最终得分。

表6－13　绿色发展效率指标的成分得分系数矩阵

三级指标	成分	
	1	2
单位农业增加值水消耗量（立方米/元）	0.374	－0.065
人均电能源消费量（千瓦小时/人）	0.205	0.120
人均生活用水量（立方米/人）	0.380	－0.130
单位工业增加值二氧化硫排量（吨/亿元）	0.322	－0.122
单位地区生产总值能耗增长率（%）	－0.096	0.508
单位工业增加值能耗增长率（%）	－0.171	0.555

注：提取方法为主成分分析法；旋转法采用了具有Kaiser标准化的正交旋转法。

2. 综合评价值的计算和排序

在主成分分析中，根据各个指标间的相关关系确定权重具有一定的客观性，并且权值等于方差百分比。将主成分与对应的方差百分比进行线性加权求和，就可以得到二级指标的评价值，然后将各二级指标得分相加得到综合指标的得分（见表6－14）。

从环境治理与保护指标来看，北京、天津和上海无论是工业废气和废水污染物的排放量还是财政在环保方面的支出都排在全国前列，该项得分中分别排在第一名、第四名和第五名。而海南、青海等西部地区主要是由于重工业较少，工业废气和废水污染物的排放量显著低于全国平均水平，因此排名靠前。江西在30个样本中排名居中，位于第十五名，需要加强环境治理和保护，特别是要做好工业废水和废气的减排和治理。

在绿色发展质量方面，无论是在第三产业在产业结构中的比重、科技创新对产业的支撑等方面还是在绿色消费方面，东部发达地区占有明显优势。同时中西部地区的陕西、山西和宁夏等地区也加快了赶超的步伐，后来居上。江西在绿色发展质量上排名非常靠后。未来要增加第三产业的比重，推动发明创造的同时，搞活技术交易市场，将创新转化为财富和生产力。

在绿色发展效率方面，河南、北京和重庆等地在人均节能节水效率、单位产值能耗效率、单位产值排放效率上排名靠前，无论是单位农业增加值水消耗量、人均电能源消费量、人均生活用水量、单位工业增加值二氧化硫排量、单位地区生产总值能耗增长率还是单位工业增加值能耗增长率都控制地很好。江西在绿色发展效率上还需要赶超。

表 6－14　　绿色产业各指标得分和排序

排名	环境治理与保护		绿色发展质量		绿色发展效率		综合指标	
	地区	得分	地区	得分	地区	得分	地区	得分
1	北京	1.232	北京	3.602	河南	0.623	北京	5.410
2	海南	1.211	浙江	0.912	北京	0.576	天津	2.184
3	青海	0.966	天津	0.707	重庆	0.562	上海	1.633
4	天津	0.951	上海	0.705	四川	0.557	浙江	1.304
5	上海	0.943	江苏	0.447	天津	0.526	海南	1.227
6	宁夏	0.631	广东	0.240	吉林	0.519	重庆	0.721
7	重庆	0.579	陕西	0.218	湖南	0.421	福建	0.584

续表

排名	环境治理与保护		绿色发展质量		绿色发展效率		综合指标	
	地区	得分	地区	得分	地区	得分	地区	得分
8	福建	0.506	山西	0.059	湖北	0.411	陕西	0.478
9	广西	0.409	宁夏	0.027	山东	0.401	湖北	0.379
10	甘肃	0.394	辽宁	-0.031	河北	0.391	湖南	0.332
11	云南	0.325	甘肃	-0.084	陕西	0.374	四川	0.281
12	吉林	0.291	山东	-0.084	云南	0.370	广东	0.242
13	浙江	0.251	海南	-0.103	福建	0.350	吉林	0.211
14	贵州	0.190	河北	-0.113	安徽	0.294	云南	0.194
15	江西	0.155	湖南	-0.128	辽宁	0.220	安徽	0.043
16	湖北	0.116	湖北	-0.149	广东	0.217	甘肃	-0.003
17	湖南	0.038	安徽	-0.231	贵州	0.201	贵州	-0.107
18	安徽	-0.021	四川	-0.252	浙江	0.140	江苏	-0.107
19	四川	-0.024	青海	-0.262	海南	0.119	广西	-0.138
20	陕西	-0.114	福建	-0.272	广西	0.075	青海	-0.195
21	黑龙江	-0.161	新疆	-0.308	山西	-0.013	江西	-0.411
22	广东	-0.216	重庆	-0.420	上海	-0.015	辽宁	-0.684
23	新疆	-0.282	黑龙江	-0.493	江苏	-0.027	黑龙江	-0.947
24	江苏	-0.527	贵州	-0.498	江西	-0.048	山西	-1.191
25	辽宁	-0.873	云南	-0.501	黑龙江	-0.292	河南	-1.244
26	内蒙古	-1.097	江西	-0.518	甘肃	-0.313	河北	-1.422
27	河南	-1.145	内蒙古	-0.528	内蒙古	-0.738	山东	-1.475
28	山西	-1.237	吉林	-0.600	青海	-0.899	宁夏	-1.559
29	河北	-1.700	广西	-0.621	宁夏	-2.217	内蒙古	-2.363
30	山东	-1.792	河南	-0.722	新疆	-2.783	新疆	-3.373

综合来看，江西的绿色产业发展在全国排名比较靠后，构建绿色崛起的产业体系，任重而道远。需要继续解放思想、创新思路，培育“人无我有，人有我优”的增长点，抓住试点建设，以点带面，打造绿色产业体系。

三、江西省绿色产业发展的新思路

构建绿色崛起的产业体系，要以六个坚持为原则，即“坚持创新驱动、坚持绿色低碳、坚持两化融合、坚持结构优化、坚持开放合作、坚持人才为本”。要瞄准世界产业发展制高点，大力推动产业链向两端延伸，提升产品附加值，推动产业集聚发展，提升产业核心竞争力，加快构建结构优化、功能完善、附加值高、竞争力强的现代产业体系。具体做好以下八个方面的工作。

（一）加快信息化与工业化的深度融合

两化融合是国家“工业 2025”愿景当中重要且处于基础地位的项目之一。其目的是借助企业信息化技术，引入“智能制造”、“智能产品”等新概念以及“云计算”、“大数据”、“物联网”等信息化工具，将信息化与企业的研发、制造、销售、管理等各个方面进行深度融合，从而完成从“企业信息化”向“信息化企业”的彻底转型。江西省应该抓住契机，发挥比较优势和后发优势，以信息化带动工业化、以工业化促进信息化，在有条件的重点开发区域走两化融合的新型工业化道路。可以从技术、产品、业务和产业四个方面进行融合。

技术融合：在南昌、九江等省内工业基础好的城市建立试点，采用电子信息技术改造汽车制造技术以开发新的汽车电子技术，以纺织服装检测、设计与研发为基础，以质检中心建设为契机，促进纺织服装检测、生产等信息技术的发展。

产品融合：在新余光伏新能源和宜春锂电新能源产业园区内推进产品融合，增加产品的信息技术含量，重点打造增长速度较快、市场需求前景广阔的上游电子信息产品制造业，包括基础元器件、模具、电子仪器、专用电子设备等产品。

业务融合：在制造业发达地区打造实体产业平台与电子商贸平台，形成省、市、企业三级信息网络系统，实现网上交易、信息检索、企业联系、招商项目信息发布。在企业中引入资源管理、客户关系管理、供应链管理等软件，并推广应用，极大地提高企业管理效率和管理水平。

产业融合：通过两化融合催生出的新产业，形成一些新兴业态，如工业电子、汽车电子、船舶电子、航空电子、工业设计软件、工业控制软件、工业信息服务业等，借助两化融合、产业衍生来打造南昌硅谷。

（二）构建新型制造业体系

制造业是江西省经济的支柱和基础。应抓住国家实施《中国制造 2025》的战略机遇期，加快升级传统制造业，推动省内制造业智能化、绿色化、服务化。着眼于抢占国际竞争制高点，实施智能制造工程，着力发展智能装备和智能产品，推动生产方式向柔性、智能、精细转变，全面提升企业研发、生产、管理和服务的智能化水平。

技术创新是制造业的发展牵引。创新是引领发展的第一动力。要加快制造业实现从要素驱动向创新驱动切换、从跟随式发展向引领型发展转变。要深入实施新一轮技术改造，全面提高产品技术、工艺装备、能效环保等水平。大力实施工业强基工程，加强质量基础建设，开展质量品牌提升行动。加快运用信息技术改造提升传统产业，要重视颠覆性技术创新。强化企业创新主体地位，实施高新技术企业培育计划，建立高新技术企业培育后备库。完善科技企业孵化育成体系，推广新型孵化模式，鼓励发展众创、众包、众扶、众筹空间。重点聚焦面向产业的核心技术、关键共性技术、重大装备和标准的研发攻关。促进校企深入合作，建立产业技术创新联盟。

清洁生产是制造业的发展方向。加强节能环保技术、工艺、装备推广应用，全面推行清洁生产，发展循环经济，提高资源利用效率，强化产品全生命周期绿色管理，构建绿色制造体系。适应制造业和生产性服务业融合发展的趋势，引导制造企业延伸服务链条、增加服务环节，推动制造业由生产型向生产服务型转变。构建新型制造体系，必须打牢基础。要深入实施工业强基工程，攻克一批关键共性技术和先进基础工艺，提高核心基础零部件的产品性能和关键基础材料的制造水平，有效破解制约产业发展的瓶颈。

（三）培育壮大战略性新兴产业

战略性新兴产业对经济社会发展全局和长远发展具有重大引领带动作用。培育壮大战略性新兴产业，既是调整优化产业结构的战略举措，也是培育新的经济增长点、塑造产业竞争新优势的必然选择。江西省将节能环保、新能源、新材料、生物和新医药、航空产业、先进装备制造、新一代信息技术、锂电及电动汽车、文化暨创意、绿色食品等十大产业为重点培育和发展的产业。这些产业代表着技术突破和市场需求的重点发展方向。各地区要根据产业基础和资源禀赋等约束条件制定产业发展的优先序。要统筹科技研发、产业化、标准制定和应用示范，营造良好的制度环境，完善基础设施和配套能力，促进这些产业发展壮大，培育若干具有全球影响力的领军企业，全面提升战略性新兴产业对产业升级的支撑引领作用。

但江西省各地区的资源禀赋和比较优势并不相同。各地区在培育壮大战略性新兴产业时，要做到因地制宜和错位竞争。目前新材料产业全省11个地区均有生产，但主要集中在鹰潭、上饶、宜春、新余、赣州五大区域；光伏产业主要形成上饶、新余、九江三大集聚区；航空制造产业主要集中在南昌和景德镇两大区域；半导体照明产业主要分布在南昌和吉安地区；文化及创意制造产业主要布局于南昌、九江、赣州、吉安四大区域；但面对经济下行压力、部分企业产能过剩、创新能力不强，建议在“十三五”期间适当鼓励这些地区的企业合并或重组，努力实现产业的集聚化和规模化，每个战略性新兴产业建设2～3个产业高度聚集的产业园区并形成3～6家具有国际市场竞争力的企业。

（四）淘汰落后产能和缓解产能过剩

要正确认识当前的产能过剩问题。当前的产能过剩并不是一般性、周期性的过剩，而是严重的、长期性的过剩。从范围上，不仅钢铁、有色、建材、化工、造船等传统产业存在过剩，而且光伏、风电等部分战略性新兴产业也存在过剩现象。在解决产能过剩问题上，既不能机械套用西方经济学方法，更不能简单地靠行政命令，而是应把治理产能过剩与深化改革创新有机融合在一起，按照党的十八届三中全会全面深化改革的部署，加快行政管理体制和财税体制改革，完善产能过剩监控和考核体系，完善产能过剩法律法规支撑体系，管住政府那只“闲不住的手”，加快完善社会主义市场体系，完善产业结构调整和创新体系，建立起市场化手段化解产能过剩的长效机制，才能从根本上解决这个问题。

抓住中央提出的“供给侧改革”契机，以“资源能源消耗低、效益高、污染小”为原则，以“改造一批、壮大一批、培植一批、淘汰一批”为手段，推进工业结构战略调整。坚决淘汰资源利用率低、污染严重的企业，加快淘汰落后产能。支持企业间战略合作和跨行业、跨区域兼并重组，提高规模化、集约化经营水平，培育一批核心竞争力强的企业集团。要统筹考虑经济发展、结构升级、社会稳定等多重因素，更加注重运用市场机制和经济手段化解过剩产能，完善企业退出机制。各县市区都应拿出一套淘汰和整治时间表，建议主要淘汰小化工厂，包括年产 1 万吨以下造纸厂，或 1.7 万吨以下化学制浆生产线，年产 3 万吨以下的酒精厂、年产 500 万吨以下的染料厂，以及小化肥厂、小农药厂等，以及其他污染严重、不符合产业政策或存在重点安全隐患的小企业。整治对象应主要包括“五小”企业以外的工业企业污染源，重点整治存在以下环境问题的工业企业：（1）污染物超标排放；（2）不正常使用环保设施；（3）违反危险废物管理规定；（4）违反“环评”或“三同时”制度①。

（五）打造生态农业和绿色农产品基地

根据江西省主体功能区规划，在限制开发区的农产品主产区内，引导传统常规农业向生态农业发展，形成集优质高效型种植业、规模集约型养殖业、综合开发型林果业、农副产品加工型农村

① 根据我国 2015 年 1 月 1 日开始施行的《环境保护法》第 41 条规定：建设项目中防治污染的设施，应当与主体工程同时设计、同时施工、同时投产使用。防治污染的设施应当符合经批准的环境影响评价文件的要求，不得擅自拆除或者闲置。

企业于一体，生产手段现代化，区域经济特色鲜明，产品具有竞争力，能够接二连三的现代生态效益型农业新格局。建设成为城郊型绿色无公害农产品现代化示范园区，打造重要的农业旅游观光休闲地。绿色生态农业作为一个新兴产业，包涵第一、第二、第三产业的经营内容，涵盖农业、生态环境、旅游、休闲、文化等多学科知识。建议地方政府主管部门要定期对绿色生态农业经营者及从业人员进行旅游管理、生态农业等知识的集中培训与教育，提高他们的经营素质、文化素质和环保意识等，使其自觉维护乡村景观资源及其自然生态和文化环境。

按照“因地制宜、统一布局、生态循环”的原则，根据当地的自然、经济、社会条件，考虑到市场需求状况，充分体现当地的自然农业资源，形成特色优势。要整合资源，主题鲜明，功能区分明确，形成一地一品。要坚持“以农为本”，以农业为基础、种、养、加工、旅游等产业为核心、农民为主体、农村为特色，为市场提供更好的绿色生态休闲农业产品。在经营内容上开阔思路，以“农”字为特色，采用先进的农业生产方式，注重农业生产能力的开发和保护，弘扬农耕文化，提高农业品位，注重“土、特、奇、鲜、知识、参与”，用“特色”这块招牌树立形象、吸引游客，实现其良性循环和可持续发展。根据现有的农业产业带布局，在赣南、赣中南、浙赣线、赣北和赣西丘陵地带建设特色优势水果产业带，南昌辖区各县近郊蔬菜产区和大广、济广高速沿线建设蔬菜产区；从畜牧业发展来看，重点建设“一片两线”优质养殖基地：在赣中南、赣北地区发展优质生猪、肉牛、山羊基地。各个县市可按照省里的规划布局和当地特色有选择的发展，如重点发展优质高效种植业、花卉苗木等园艺产业、水产畜牧养殖业、林果产业和农副产品加工业。

（六）发展生产和生活融合性服务业

构建以绿色物流、创意服务、技术服务外包、数字化社会服务、电子商务、物联网服务业为主的现代服务产业体系，培育形成经济社会发展新的增长极。

（1）以产业服务为支撑，推动生产性服务业发展。物联网未来十年有望发展成一个万亿美元级的产业。南昌、九江、新余、宜春和景德镇等地应依托当地电子信息产业的优势，以科技支撑发展新型现代服务业，占据物联网产业发展的高地。加快发展现代金融业，建立健全现代金融体系。培育现代化的大型第三方物流企业。大力培育和规范发展会计、审计、资产评估、信息咨询、经纪代理、人才交流等各类中介咨询服务业。

（2）发展特色生态旅游业，打响江西旅游品牌。围绕“红色摇篮·绿色家园·观光度假休闲旅游胜地”总体定位，多层次、多模式地推进江西旅游业发展，实现旅游开发、旅游产品、旅游经验管理到旅游消费各个环节的生态化。配合生态、绿色旅游理念，整合旅游资源，强化旅游开发建设中的生态保护要求，通过产品创新、提升配套能力和服务水平，推进旅游景区生态环境建设。重点打造环鄱阳湖旅游圈、赣中南红色经典游览线、赣西绿色精粹游览线和赣南客家文化游览线四大生态旅游路线。

（3）大力发展节能环保服务业。通过技术创新、市场创新、机制创新，大力发展节能环保、资源循环利用体系，鼓励服务企业优化组合，推动建立以信息咨询、资金融通、技术支持、人才培训、工程建设等为主要内容的环境服务体系，提高环境服务业在环保产业中的比重。引导科研机构、大专院校与企业合作，加强清洁生产技术、环境污染治理技术、节能减排技术的开发、引进推广工作。

鼓励金融机构创新节能减排信贷产品，简化申请和审批手续，为环保服务公司提供项目融资等金融服务，引导和带动社会民间资金投入节能减排领域。

（七）调整和优化能源开发利用结构

党的十八届五中全会提出创新、协调、绿色、开放、共享的发展理念，要求推进能源革命，加快能源技术创新，构建清洁低碳、安全高效的现代能源体系。江西省可以从三个方面来调整和优化能源开发利用结构。

（1）优化现有能源结构。充分考虑节能减排的国家战略，坚持节约优先、绿色低碳的原则，积极增加清洁能源供给，不断提高可再生能源在省内能源消耗中的比重，优化能源消费结构。促进太阳能、生物质能等新能源的开发利用，推进节能减排，有条件的地区可开发利用当地的地热能和风能。

（2）重点推进清洁能源的使用。推进江西省的西气东输工程，加快天然气管网建设，不断拓宽天然气应用领域，从传统的城市燃气逐步拓展到燃气空调以及分布式功能系统等领域。加快普及农村户用沼气，加大养殖小区和联户沼气工程、大中型沼气工程的建设力度，加强服务体系建设，带动产业发展升级，增大农村沼气应用范围，提高沼气正常使用率，优化农村用能结构，构建可持续发展的农村能源体系。

（3）大力发展可再生能源。在有条件的地区推广太阳能光热应用，在城区推广普及太阳能一体化建筑、太阳能集中供热水工程。在农村地区和小城镇推广户用太阳能热水器。建设太阳能发电示范工程，在城镇建筑物和公共设施建设与建筑物一体化的屋顶太阳能并网光伏发电设施，首先用在公益性建筑物上，然后逐渐推广到其他建筑物。

（八）推行绿色循环低碳的产业发展方式

认真贯彻落实《中华人民共和国清洁生产促进法》和《清洁生产审核办法》，在全省工业企业全面推行以节能、降耗、减污、增效为目标的清洁生产，做好清洁生产的示范推广；落实清洁生产审核制度和公开监督制度，在强制性审核的基础上大力推进企业自愿性审核；建立清洁生产信息系统和技术咨询服务体系，推进环境管理体系认证。积极引导企业开展 ISO14000 环境管理体系、环境标志产品和其他绿色认证，增强企业的市场竞争力。主要行业的重点企业、重点出口生产企业全部通过 ISO14000 认证。在生产过程中，做好节能、节水、节地和节材工作。相关绿色产业指标因子得分见表 6－15。

在节能方面，加强重点领域的节能，大力开展企业节能改造，加强对高耗能行业和重点用能单位的管理，严格执行省政府确定的相关行业能耗标准，加大能耗定额管理力度；加强能源统计和计量工作，鼓励节能技术进步和强化节能管理，在保持企业持续快速发展的同时，切实降低能源消耗水平，提高经济增长质量和效益；加快节能体制机制创新，实施企业产值能耗公报制度，全面实行固定资产投资项目节能审核制度，建立健全节能监督监察管理体制。

在节水方面，注重运用经济规律和市场机制节水用水，实行用水总量控制、循环利用率控制和污水排放控制，建立水资源利用内部循环体系，大力推进企业、园区内部和建筑工程的循环用水。在高耗水行业，制定严于国家的取水定额标准，通过财政补助、减免以及贴息等激励措施和政策，鼓励企业在工业生产中利用城市再生水、矿坑废水；鼓励和支持企业进行节水技术改造和废水回用。

在节地方面，通过土地资源集约利用，合理配置城镇工矿用地、统筹规划基础设施用地、盘活建设用地存量；为保证建设项目有地可用，推行建设用地增减挂钩制度，建设项目尽量少占、不占耕地。

在节材方面，重点对冶金、建材等重点行业的原材料消耗进行深化管理，减少投料，降低工艺过程消耗。严格设计规范、生产规程、施工工艺等技术标准和材料消耗核算制度，推行产品生态设计和使用再生材料，减少损失浪费，提高原材料利用率。引导生产企业设计时优先考虑简约化、轻质化，压缩实用性材料消耗，以便回收并尽量减少包装物在整个生命周期内的环境影响。

表 6－15　　绿色产业指标体系因子得分表

地区	环保因子 1	环保因子 2	质量因子 1	质量因子 2	效率因子 1	效率因子 2
北京	1.844	－0.810	4.196	1.770	0.827	－0.085
天津	1.008	0.761	1.205	－0.828	0.439	0.752
河北	－2.048	－0.540	－0.241	0.282	0.642	－0.269
山西	－2.028	1.400	－0.453	1.640	0.006	－0.064
内蒙古	－1.572	0.485	－0.525	－0.539	－0.901	－0.312
辽宁	－1.218	0.275	－0.188	0.456	0.803	－1.314
吉林	0.271	0.357	－0.642	－0.468	－0.012	1.914
黑龙江	－0.160	－0.167	－0.112	－1.670	－0.308	－0.251
上海	1.152	0.245	0.787	0.452	0.568	－1.547
江苏	－0.084	－2.002	0.932	－1.052	－0.078	0.106
浙江	0.543	－0.721	1.413	－0.633	0.628	－1.140
安徽	－0.002	－0.081	－0.695	1.202	0.358	0.127
福建	0.609	0.163	0.035	－1.222	－0.042	1.380
江西	0.089	0.375	－1.068	1.179	0.087	－0.404

续表

地区	环保因子1	环保因子2	质量因子1	质量因子2	效率因子1	效率因子2
山东	-1.960	-1.232	0.288	-1.234	0.800	-0.647
河南	-1.289	-0.664	-0.665	-0.895	0.655	0.537
湖北	0.263	-0.372	-0.389	0.591	0.302	0.699
湖南	0.198	-0.495	-0.511	1.056	0.234	0.912
广东	0.727	-3.359	0.491	-0.535	0.226	0.195
广西	0.466	0.219	-1.084	0.807	-0.094	0.518
海南	1.252	1.074	-0.475	1.047	0.868	-1.848
重庆	0.670	0.276	-0.289	-0.823	0.730	0.120
四川	0.167	-0.660	-0.249	-0.264	0.453	0.832
贵州	-0.003	0.831	-0.612	-0.148	-0.059	0.884
云南	0.343	0.263	-0.350	-0.964	-0.187	1.833
陕西	-0.265	0.392	0.209	0.245	0.994	-1.254
甘肃	0.261	0.839	-0.723	1.888	-0.823	1.026
青海	0.959	0.991	-0.191	-0.481	-0.967	-0.722
宁夏	0.459	1.205	-0.068	0.320	-2.376	-1.798
新疆	-0.651	0.950	-0.026	-1.179	-3.774	-0.181

第七章

打造“江西样板”的实现路径：打造绿色家园

江西省省委十三届十一次全会的会议精神强调要始终牢固树立绿色民生观，大力建设绿色城镇、美丽乡村，让良好的生态环境成为人民生活质量的增长点。原江西省省委书记强卫在全省生态文明先行示范区武宁现场推进会上也指出，要把生态文明理念融入新型城镇化和新农村建设之中，合理布局城乡空间，尽量减少对自然的干扰和损害，形成农村园林化、城区景观化的秀美风貌。使江西省城乡都成为“干干净净、漂漂亮亮、井然有序、和谐宜居”的美丽家园。因此要建设“以人为本”的绿色家园，把推进新型城镇化、新型农村社区建设和城乡协调发展作为突破口，以规划为龙头、统筹为手段、项目为支撑，把握方向，坚持科学布局，加强工作部署，探索江西省新型城镇化与新型农村建设协调发展之路。

一、推进新型城镇化建设，建设绿色宜居城镇

江西省城镇化进程不断加快，据江西省统计局2015年调查显示，2014年底，江西省城镇化率达到50.22%，较2013年提高了

1.35个百分点，全省人口城镇化率提高值高于全国平均水平提高值0.31个百分点；江西省人口城镇化率与全国平均水平的差距也由2013年的4.86个百分点缩小到4.55个百分点。2015年底江西省城镇化率达到51.62%，2011~2015年间城镇化率增长1.51%（见表1）。城镇人口总量首次超过乡村，意味着江西社会结构出现了一个历史性变化，表明全省新型城镇化建设已经进入新阶段。虽然江西省城镇化水平逐年上升，但是和全国其他省、市、自治区相比，城镇化水平仍然滞后。2015年我国的城镇化率为56.1%，而江西城镇化率仅为51.6%，比全国平均水平低4.5个百分点。而从省内各区市的城镇化水平来看，也存在较大差异，例如南昌市、景德镇市、萍乡市和新余市城镇化率均超过60%，南昌市城镇化率更是达到70%以上。宜春市城镇化水平最低，全省范围内城镇化水平最高的城市与最低的城市之间相差27.51个百分点（见表7-1）。推进新型城镇化建设，江西要开拓绿色崛起的新境界，关键是推动城镇的绿色低碳发展，提高城乡统筹能力及城乡一体化水平；节约集约利用土地、水、能源等资源，注重人和自然和谐相处，以人为本，着力推进生态宜居建设；发挥好生态优势，布好一个“局”，画好一张“图”，服务一群“人”。

表7-1　江西省“十二五”时期城镇化率

年份	2011	2012	2013	2014	2015	2011~2015
城镇化率（%）	45.70	47.51	48.87	50.22	51.62	1.51↑

数据来源：搜数网。

（一）协调城镇发展，优化空间新格局

2014年江西省发改委出台《江西省国家生态文明先行示范区

建设实施方案》中指出要达到城镇化布局不断优化的发展目标，强调江西省城镇化科学规划、因地制宜。《江西省新型城镇化规划（2014~2020年）》指出要以鄱阳湖生态经济区为依托，以沿沪昆线和京九线为主轴，优化城镇化空间布局和规模结构，构筑“一群两带三区四组团”为主骨架的省域城镇体系，促进大中小城市和小城镇协调发展，走一条以人为本、四化同步、优化布局、生态文明、文化传承的江西特色新型城镇化道路。中小城市和小城镇是城镇化的重要组成部分，包括了广大农村地区，起着承上启下的作用，发展中小城市和小城镇，对于破解城乡二元结构、实现城乡发展一体化具有重大意义。在协调大中小城市发展过程中，要尽力克服面临的阻碍，如中小城市产业布局失衡、财政支出不均衡等问题，实现大中小城市同步发展。一方面由于行政体制的阻碍，需要调整和完善现有的行政管理体制模式，要朝着放权及精简机构等方面进行，允许小城镇在行政级别方面的升级，提供更多的政策空间，授予小城镇更多的决策权限。另一方面要针对省内大城市与小城镇产业布局不平衡的问题，打破小城镇内生力不足、财政支出不均衡的阻碍因素，优化调整产业结构布局，如推进小城镇对大城市的产业承接，同时也立足小城镇自身优势进行产业规划引导。

加快推进以鄱阳湖和赣、抚、信、饶、修五条水系廊道为生态本底，以网络化、开放式的交通体系为骨架，以昌九城镇走廊为重点，以景德镇、鹰潭、新余和抚州等中心城市为重要节点，以滨湖田园风光城镇为补充的鄱阳湖生态城镇群。京九沿线城镇发展带，以京九线上的中心城市为核心，自北向南加快培育和发展九江市、南昌市、吉安市、赣州市等区域中心城市，积极培育共青城市、丰城市、樟树市等重要城市。重点推进昌九城镇群、吉泰城镇群建设，努力打造长江中游城市群的重要板块、旅游观光休闲地和区域性商贸物流中心。鼓励和引导赣州市、吉安市建设全国生态园林城市和国家循环经济示范城市。

沪昆沿线城镇发展带，以沪昆线上的中心城市为核心，东段积极培育和发展以上饶市、鹰潭市为核心的赣东城镇密集带；西段积极推进以新余市、宜春市、萍乡市为复合中心的赣西城镇密集带。重点推进信江河谷城镇群、新宜萍城镇群建设，努力建设“四化同步”发展试验区和“两型”社会综合改革试验区。鼓励新余市、萍乡市建设水生态文明试点城市，宜春市建设全国生态示范城市，上饶市建设全国文化旅游中心城市，鹰潭市建设国家循环经济示范城市和生态文化旅游名城。

南昌大都市区，包括以南昌市中心城区为核心周边100公里范围的区域，含南昌市中心城区、抚州市中心城区、共青城市及13个县（市）等一小时经济区。加快推进昌九一体化、南昌临空经济区和共青先导区建设，建设全国重要的先进制造基地、商贸物流中心和宜居都市，打造全国区域经济增长的战略支点、长江中游城市群中心城市、全国重要综合交通枢纽、带动江西省发展的核心增长极。

赣州都市区，包括以赣州市中心城区、赣县、上犹县为主要载体的核心区及其辐射范围内的赣南苏区地区性中心城市和人口规模较大的县城。加快推进赣州中心城市与南康、赣县、上犹同城化进程，建设章康新区，打造全国稀有金属产业基地、先进制造业基地，建设省域副中心城市、赣粤闽湘四省通衢的区域性金融、物流、旅游中心，全国区域性综合交通枢纽和原中央苏区振兴发展示范区、红色文化传承创新区和全国著名的红色旅游目的地。

九江都市区，以九江市中心城区为核心，强化长江沿岸152公里的城镇发展和资源要素集聚，沿江联动瑞昌市、九江县、湖口县、彭泽县，形成沿江城镇发展带；向南联动德安县、共青城市、永修县、星子县、都昌县，强化昌九城镇走廊，推进沿江开放开发，把九江沿江地区打造成鄱阳湖生态经济区建设新引擎、中部地区先进制造业基地、长江中游航运枢纽和国际化门户、江西省区域合作创新示范区。

景德镇城镇组团：以九景衢、皖赣铁路和九景、安景高速为轴线，以景德镇中心城区为核心，联动发展乐平市、浮梁县、婺源县县城和重点镇，建设鄱阳湖生态城市群的璀璨明珠、全国著名文化生态旅游目的地、资源枯竭城市转型示范区。

抚州城镇组团：以向莆线为主轴，以济广高速和抚吉高速为空间廊道，以抚州中心城区临川为核心，联动发展东乡县、金溪县、崇仁县县城和重点镇，建设全国绿色生态城镇群，构建通达东南沿海战略通道，打造产业梯度转移承接区。

瑞金城镇组团：以赣韶龙、规划建设的鹰梅铁路和厦蓉、济广高速为主轴，以瑞金市区为核心，联动发展于都县、宁都县、会昌县、石城县县城和重点镇，建设革命传统教育基地、赣闽区域性交通物流中心，打造赣闽边界区域性城镇组团。

三南城镇组团：以济广高速和“三南大道”为轴线，以龙南县城为核心，推进与全南县、定南县融合发展，联动发展一批重点镇，建设赣粤边界区域性城镇组团、承接加工贸易转移示范区、稀土新材料产业集聚区、客家文化旅游休闲度假区。

（二）坚持规划引领，画好“一张图”

坚持规划引领需要确立全域规划理念，优化完善城市总体规划、县（市）域总体规划和镇总体规划，合理布局城镇空间，以“一张图”协同多规。加快推进“多规合一”试点，逐步实现一个市县一个规划、一张蓝图，努力构建集约高效的生产空间、宜居适度的生活空间、山清水秀的生态空间。积极开展各类专项规划特别是基础设施、公共服务设施、地下空间开发利用等专项规划的编制工作，坚持以“一个总体规划+N个专项规划”为整合，形成全域管控。从国家层面来看，2014年国家四部委出台《国家新型城镇化规划（2014~2020)》，推动经济社会发展规划、土地利用规划、城乡发展规划、生态环境保护规划等“多规合一”，国家层面的推动，各地方政府掀起“多规合一”探索的全国热潮。但是我国国家空间规划体系还未完整建立，现有体系庞杂不健全、缺乏衔接与协调，导致各个部门各自为政、各类规划互相冲突。因此江西省需要结合省情，吸取兄弟省市的实践经验，积极探索本省多规统一的路径。2015年6月，省住建厅、省发改委、省国土资源厅、省环保厅联合出台《关于“多规合一”工作的指导意见》，四部门联手齐抓“多规合一”试点工作，破解工作难题。我省鹰潭市、萍乡市、乐平等县市已经在开展“多规合一”试点工作，出台了具体的工作方案和工作框架。因此在守住“三条红线”的基础上，城镇规划尤其要尊重自然格局，依托现有山水脉络，打造花园城镇。

高起点规划在城镇化布局中的作用尤其重要，需要在明晰国土空间综合规划与相关规划各自定位的前提下，强化顶层设计与落地控制，从发展战略、规划目标、协同平台、控制内容、衔接接口等各个方面，按照一定的原则，构建合理的空间规划体系，从而探讨国土空间综合规划与经济社会发展、城乡、土地、生态、林业等部门规划之间上位承接、侧围对接、侧位衔接的相互关系，为规划衔接提供方法框架。

强调统一的衔接接口。对规划目标（指标）、规划坐标、用地分类、基础数据进行统一，设计“多规”的衔接接口，形成共同的规划基础，才能真正实现“多规”衔接。一方面，要统一的目标体系设计，明确核心控制手段。“多规合一”的目标体系由规划发展目标及其指标体系组成，是指在综合规划中提出的相对系统完整、重点突出的目标体系。与这一体系对应的接口设计，就是综合规划对各类规划的控制接口。根据规划体系和控制标准，从经济社会发展规划、城乡规划、土地利用规划和生态环境保护规划、林业规划和文物规划中选择各自最核心的规划内容作为控制指标，明确核心控制手段。例如，对于城乡规划，控制其城市性质、城市规模（规划常住人口规模、规划城市建设用地规模）和主要用地规划指标等内容。另一方面，统一的技术标准对接，消除技术壁垒。除规划目标以外，规划坐标、用地分类、基础数据的不统一是当前规划不能衔接的主要技术壁垒，导致了“多规”的基础资料来源不一致、基础数据统计口径不一致、用地分类体系和标准不一致及技术方法和路线不一致等问题。所以，应充分加强多规技术对接，在“多规合一”中采用统一来源、统一口径的基础资料与数据，对接用地分类体系和标准，统一技术方法和路线，夯实规划衔接与协调机制的技术基础。在规划坐标方面，统一坐标；用地分类方面，研究讨论土地利用规划用地分类与城市规划用地分类和林业用地分类的对照方案；在统一的坐标和分类基础上，形成统一的基础数据库，并采用统一的文件格式管理，形成统一的数据库成果。

明确综合规划空间管控规则。综合规划是一个以空间导向为主统领型规划，其主要任务是形成了在市级层面实施空间分区管制、在区县级层面落实控制线的规划管理格局，由“一张图”协同“多规”，实现全域经济社会可持续发展的综合统一规划管理。需要严格控制土地用途改变，严禁占用基本农田、水源涵养林、防风固沙林及其他防护林的用地，严禁违法采矿、开山取石、取土行为，保持良好的自然生态环境；城镇开发边界控制线也属于刚性管控的控制线，控制城镇发展规模，城市建设应充分利用现有建设用地和闲置土地，积极挖潜存量土地，提高土地利用集约水平。产业区块控制线为引导性控制线，线内建设用地项目应当坚持布局集中，产业集聚，用地集约的原则，符合国家及省市有关产业发展政策，严格按照国家有关规定，科学合理确定产业准入条件、用地规模及标准，防止盲目用地。城镇开发边界控制线和产业区块控制线内农用地在批准改变用途前，要按原有用途使用，不得撂荒。

确立综合规划的法定地位。基于我国现行的法律规定，“多规合一”的国土综合规划尚未纳入法定规划编制体系，“一张图”只是一个协调后的共识规划，还不能直接作为法定规划依据。因此，设计两条路径确立综合规划的法定地位。综合规划法定化是奠定国土空间规划体系规范化的基础。根据综合规划的定位，明确综合规划在地方规划体系中高于相关规划的法规地位，是“多规”的上位规划，明确“多规”在各个层次与国土综合规划的法定依据关系，用法规和制度的形式将“多规”的接口设计与空间控制范围确定下来，推进规划控制线立法，避免“有据不依”。依据规划管理行政程序，将综合规划确定的空间管控目标和指标纳入国民经济和社会发展、城乡建设、生态保护、土地利用的指标体系，作为本市规划管理的重要内容和核心手段。以政府规章形式明确“多规合一”控制线管理主体、管控规则、修改条件和程序，规范和强化规划的严肃性和权威性。完善相关法律法规，健全配套机制与体制，对人为造成规划不衔接与不协调的情况做出相应的惩罚规定，保障“多规”的充分衔接与协调。

（三）“三化”并进，创造宜居秀美环境

完善城镇基础设施建设，加强城镇“净化”治理（见表7-2）。城镇基础设施建设是生态城镇建设的保障：一是要完善城镇污水处理设施。加快推进污水处理设施及配套管网建设，提高污水收集处理率。当前城镇污水处理设施依然存在设施建设空间不均衡、污水配套管网建设滞后、运营监管缺位等问题，因此这为新型城镇化城镇污水处理设施建设提出更高的目标。二是要完善城镇生活垃圾处理设施。加快推进生活垃圾无害化处置设施建设改造，重点加大垃圾焚烧处置设施建设力度，构建技术先进、方式多样的生活垃圾无害化处置设施体系，完善重点城镇垃圾分类、转运系统建设，加快存量垃圾处理速度。三是要完善城镇污泥处置设施。重点加快建设集中式污水处理厂污泥处置设施。积极推进市、县（市、区）区域内污泥处置设施共建共享，鼓励规范的污泥处置单位跨县（市、区）服务。四是要完善城镇供水设施。加强老旧和劣质供水管材管网更新改造，加快既有供水水厂工艺提升改造，完善配水系统，减少供水漏损和管网二次污染。五是要强化管理。加强城镇街道占道经营、乱搭乱建、乱堆乱摆等重点行为的整治，规范城镇日常秩序。加强对清扫保洁、户外广告、建筑立面和城市家具的规范化管理，提高城镇整洁美观度。加强保洁环卫作业管理，加快更新环卫作业装备，提高机械化作业水平。加强城市内河环境整治，改善河道水质，努力营造水清、流畅、岸绿、景美的水景风貌。六是依托危房及棚户区改造工程。对全危住房进行拆除重建，对损坏程度不严重的局部危房进行修缮加固。

表7－2　“十二五”期间江西省市政公共设施水平统计

年份	污水处理厂集中处理率	人均公园绿地面积	建成区绿化覆盖率	建成区绿地率	生活垃圾处理率	生活垃圾无害化处理率
2011	83.69	13.49	46.81	43.35	100	88.27
2012	83.15	14.1	45.95	42.74	100	89.05
2013	66.89	13.60	40.66	36.46	99.22	37.07
2014	72.35	13.54	40.40	36.48	99.69	60.51
2015	80.83	14.02	40.03	36.44	99.33	66.57

数据来源：《中国统计年鉴》2012～2016年。

扩大“绿化”范围，提高城镇人居环境质量。一是要推进城镇园林绿化。完善城镇绿地的系统规划，合理布局城镇绿色空间。按照生态与景观相结合的原则，积极将森林引入城市，把自然山体、城市水系、城区组团边界和交通主干线等打造成绿量大、品位高、层次丰富的绿色走廊和生态林地，构建山水相宜、人与自然和谐共融的一流人居环境。全面实施以城镇绿化为中心，以水网、路网、田网绿化为骨架，以环城、环村、环企绿化为节点，公园、游园、庭院绿化为亮点的城乡绿化一体化建设。同时，将城乡各主干道、休闲公园、居民小区、学校、医院、进出县城的主要通道、各景区景点统一纳入绿化规划区，基本形成城乡森林化、通道林荫化、单位园林化、景区生态化的生态格局，构筑呵护居民健康的“城市绿肺”。加强绿地管理养护，积极推广实行建筑物、屋顶、墙面、立交等立体绿化，努力打造“节约型园林绿化”，推进绿色花园城市和森林城市建设。二是促进城镇建设土地集约利用，引导紧凑型城镇布局，促进居住、就业和公共服务等就近配套。三是要推广绿色节能节材建筑，加强民用建筑用能管理，扩大太阳能光热等可再生能源建筑应用。积极推进施工过程中建筑垃圾减量化和资源化，大力推行绿色施工，积极创建绿色工地。

“美化”特色城镇环境，提升城镇品位。特色城镇建设一是要利用有限资源，铺设和改造地下管网，改变空中线路似网的紊乱局面。实行统一规划建筑风格，彰显各地特色，逐步形成“路面段段有特色，路旁处处皆风景”的良好城镇形象。在建筑群风格方面，精心打造城市建筑的整体风貌。结合城市总体规划，把握历史性、文化性、时代性和地域性要求，对每栋房屋、每个公园广场、每个街区都进行精心设计和施工，做到格调特征统一，空间、体量、尺度、色彩、形式等整体关系协调，给人们留下强烈的视觉印象、赏心悦目的美感和深刻的记忆。二是精心打造城市标志性建筑。标志性建筑是识别城市的符号，也是城市形象的焦点，不同时代的标志性建筑展现出城市发展的脚印。三是特别要更加注重文化传承。文化是城市之“魂”，因此要加强城市文化“顶层设计”，以文化提升城市品位、打造城市特色。

（四）促进农业人口转移，提升公共服务水平

省委省政府2015年在推进新型城镇化建设、促进农业转移人口市民化方面做了大量工作，突出解决住房、教育等问题，特别是继续加强棚户区改造。2014年10月之前，全省棚户区改造开工15.61万套，基本建成10.2万套，15万人“出棚进楼”。2015年国务院督查组在对江西省棚户区改造工作督查后予以高度肯定：“江西的棚户区改造抓得早、节奏快、成效好”；编制的《江西省棚户区改造规划（2013～2017）》，成为全国第一个报国家备案的省份，规划文本为全国示范文本，指标完成情况属全国领先位置。省委省政府的这些工作为造绿色家园开好了局。

在接下来的3～5年内江西要逐步提高公共服务水平，让农村转移人口居有其所、居有其业、居有其保。进一步深化户籍制度改革，完善一元化户籍管理制度，促进有能力在城镇稳定就业和生活的农业转移人口举家进城落户。落实统一的居住证制度，给先行的户籍制度“减负”，努力实现社会保障覆盖常住人口。对转为城镇户籍的农民，健全财政转移支付同农业转移人口市民化挂钩机制，建立城镇建设用地增加规模同吸纳农业转移人口落户数量挂钩机制。维护进城落户农民土地承包权、宅基地使用权、集体收益分配权，促进土地流转，支持引导其依法自愿有偿转让权益。探索建立失地进城农民养老金发放制度，弥补农民进城个人成本，增强农民进城动力。继续深化“三房合一、租售并举”制度，扩大城镇流动人口的保障性住房面积，同时在医疗、就业、子女就学等方面也能够享受当地城镇居民同等待遇，对工业园区附近安置的农民进行技术培训，促进农民就业，为农村转移人口提供保障。

（五）大力推进“互联网+民生”，凸显智慧元素

由于互联网本身具有开放、无边界、平等获取的特征，能够打破原先单个政府部门或企业内部的传统封闭模式，使得信息流动和交换能够在协作单位之间进行低成本运营，同时实现信息的整合与应用，提升运营效率。江西省近年来智慧城市建设进展迅速，已有11个市（县、区）被列入国家智慧城市试点。江西省在全国率先制定《智慧城市建设基本指导目录（试行）》，将智慧城市建设内容分为一级和二级目录，涵盖信息化基础设施、产业发展、城市管理、公共服务等重点领域。在推进“互联网+民生”的过程中应遵循“规划引领，分步实施”的原则，首先做好顶层设计，并在此基础上根据需解决问题的紧迫性和资金投入能力制订好具体的实施计

划。建设规划应围绕地方经济社会发展特色，兼顾未来拓展，既要注重与民生相关的基础设施建设，也应重视实际应用效果。在相关引导政策制定时，要注重吸引民间资本参与基础设施建设和开展“互联网+”应用。地方政府需进一步发挥其“经济调节、市场监督、社会管理和公共服务”的职能，依托物联网、云计算、互联网等信息技术和平台，“智能地感知、分析和集成城市所辖的环境、资源、基础设施、公共安全、城市服务、公益事业、公民、企业和其他社会组织的运行状况”，在此基础上，要实现多个信息网络的融合，进而高效、快捷地掌握和分析城市运行中的各种信息，及时妥善地处置城市管理中暴露的问题和矛盾。同时要加强民生工作作为智慧城市建设的支撑点，在未来的发展中，将信息技术广泛深入应用于教育、文化、卫生、就业、社保、社区、档案、生活、住房、娱乐、交通、旅游、安全等基础上，更应该在促进社会建设和民生工作中实现跨领域、跨行业、跨区域、跨系统的信息资源互联共享。全社会应把与公众切身利益息息相关的社会建设内容及民生诉求作为重点来抓，着力推动教育、文化、社区、市民卡、医疗卫生、政务、公共监督、住房和城乡建设、劳动与社会保障、档案、数字图书馆等网络化、信息化、数字化的建设和管理，使不同阶层、不同行业、不同文化背景的群体都能参与智慧城市的建设，都能共享智慧城市的成果。

（六）强化产业支撑，筑牢新型城镇化根基

江西省的产业基础较为薄弱，因此要推动江西省新型城镇化的发展，必须要注重产业的发展。

第一，根据城镇特色进行产业布局。由于其地理位置、资源环境、经济基础等的不尽相同，不同的城镇有着不同的产业发展条

件。因此我们应当基于地方特色来进行产业布局，这不仅有利于当地经济的发展，也有利于在全省形成协调的产业格局。需要依托区位优势、产业基础和资源要素条件，在产业引入和发展中注重发挥各自产业优势，因地制宜突出各园区的产业方向，形成差异化发展格局，打造特色产业竞争力。着力培育发展成长性高、市场潜力大、带动效应强的产业，发挥在区域产业发展中的引领作用。同时，充分考虑各层次园区平台资源禀赋差异，对项目准入标准设置体现差异化要求。第二，坚持关联配套、集聚集群的产业发展原则，通过政策引导，由产业分散布局向合理集群转变，推动高技术、高附加值的战略性新兴产业发展，强化龙头项目辐射带动作用，力争形成一批具有战略意义的特色产业集群。同时，加快推进传统产业转型升级，推动块状经济向现代产业集群转型升级。第三，实现战略性新兴产业的倍增。实施创新发展和淘汰落后双轮驱动战略，着力将新型电池、现代纺织、特色机电产业升级作为发展重点，积极引进技术水平高、行业带动力强、资源消耗水平低和对现有产业链有提升的产业（项目），促进产业整体升级，切实提高园区产业核心竞争力、产品附加值和工业可持续发展能力。新型产业的主要特征就是绿色低碳又能创造较高产值，这与新型城镇化的目标完全吻合。以高端化、集约化、特色化为导向，以掌握核心技术为关键，通过实施重大产业项目、引进培育骨干企业、搭建公共服务平台，进一步培育壮大新一代信息技术、生物医药、新型光电、节能环保、新能源、新材料、航空和先进装备制造等新兴产业，努力实现全省战略性新兴产业规模倍增、龙头企业倍增、示范基地倍增。着力培育发展成长性高、市场潜力大、带动效应强的产业，发挥在区域产业发展中的引领作用。同时，充分考虑各层次园区平台资源禀赋差异，对项目准入标准设置体现差异化要求。第四，以节约集约、可持续发展为目标，节约利用资源和生产要素，注重提高项目的土地、能源等资源利用效率，加快转变资源依赖性的发展方式，大力引进资源节约型、环境友好型工业项目，积极发展绿色低碳工业经济，增强发展后劲，保持经济持续健康快速发展。

二、加强新农村建设力度，打造美丽宜居乡村

在“五美四和谐”为主要内容的和谐秀美乡村建设、农村清洁工程扎实推进中，江西省农村面貌有了新的改观。但是部分农村还存在垃圾遍地的脏乱问题，所以需要进一步加快农村规划和管理，深入推进农村环境连片治理，加快建设管理有序、服务完善、文明祥和、乡风浓郁的新型农村社区，保护好传统村落，彰显赣鄱特色乡村风貌。

（一）因地制宜，编制整齐划一的村庄规划

2015 年 6 月江西省住建厅出台《江西省村庄规划编制审批指导意见》，要求各地加强全省村庄规划编制，提高村庄规划编制质量和水平，要求全省各地建设各具特色美丽乡村，规划布局要结合村庄地形条件、保护自然生态和历史文化遗产，保持乡村特色、传承传统文化。要求各地充分利用丘陵、岗地、缓坡和非耕地进行建设，集约、节约用地，合理引导散居农户和村落向集镇或中心村集中，并尽可能在村庄现有基础上整治改造、建设发展，避免大拆大建和贪大求洋。因此在村庄规划上，要将住宅与禽畜养殖等各种设施区分开，并与住宅保持一定距离，同时按照村里每户一定范围和院子规划停车位、杂物间，建设整齐划一的乡村“小区”，合理安

排生产生活空间。

（二）确立标准，集中财力分层推进美丽乡村建设

由于江西省行政村数量较多，在新农村建设的过程中，总体建设思路需要设置载体，集中财力，全省统筹规划，后续整体布局。通过设置指标考核村落环境保护和经济发展，分层指导、分步推进新型农村社区建设：第一层级的标准可设计为通俗易懂的“有无”规则（例如，有村庄建设规划，无乱搭乱建建筑；有垃圾收集设施，无散乱堆积垃圾；有道路硬化管护，无泥坑杂草路面；有绿色整洁河岸，无淤塞臭水河沟；有污水处理系统，无直排外溢污水；有村庄庭院绿化，无乱堆乱放杂物等）。达标的村落给予第一层级的基本投入，建设“标准村”。第二层级的标准为“特色村”建设，按照“一村一品、一村一业、一村一景、一村一韵”建设要求，政府需加大扶持力度，其标准体系可围绕龙头企业经营情况、农民专业合作社规模水平、清洁化生产程度、资源循环利用等方面来构建。一是要做大做强乡村生态农业龙头企业。进一步加鼓励企业扩大基地、做大规模、打响品牌、增强带动能力。加大农业“招商选资”力度，着力引进一批技术含量高、产业链条长的农业企业。在生态农业龙头企业扶持方面要建立健全绿色金融体系，推广绿色信贷，政府采取财政贴息等方式加大扶持力度，鼓励各类金融机构加大绿色信贷的发放力度。二是要规范提升农民专业合作社。推进农民专业合作社规范化建设，积极引导同类专业合作社通过合并组建专业合作社联合社，不断提高农民的组织化程度。针对农民专业合作社广泛宣传推广生态农业经营方式，加大农业结构调整力度，培植富民利民的特色生态农业。三是在乡村广泛推行种植业清洁化生产。在达到新型农村基本要求的基础上，鼓励行政村结合自

身特色优势，因村制宜开展“特色村”创建活动，着力建设一批文化特色型、产业发展型、自然生态型、田园风光型、水乡风情型等不同类型的美丽乡村，每年在各县选择2~3个行政村，追加更多投入。第三层级标准为“精品村”建设。鼓励有条件的行政村，在充分彰显自身个性特色的基础上，全面挖掘历史文化、民俗风情、产业特色、农事节庆和自然生态等多方面资源，进一步拓展村庄建设的内涵和外延，建设成为文化主题鲜明、产业特色突出、村域景色宜人、乡村旅游发达，具有明显示范和引领作用的精品村。每年在各县选择1~2个乡村将其建设成为“精品村”，给予最高级别的投入。这样以分层推进的方式打造一批绿色环保、低碳节能的生态乡村、生态小镇，形成示范亮点。而后以交通干线、流域为纽带，将不同区域的示范亮点连“点”成“线”，在此基础上进一步推进示范县（区）的创建活动，由“线”扩“面”。

（三）促进乡村人口集聚，完善配套设施

推进农村人口集聚。大力培育建设中心村，以优化村庄和农村人口布局为导向，通过村庄整理、经济补偿、异地搬迁等途径，适度撤并一些自然村，推动自然村落整合和农居点缩减，引导农村人口集中居住，逐步形成具有传统特色的新农村，合理聚散农村居民点用地布局。开展农村土地综合整治，全面整治农村闲置住宅、废弃住宅、私搭乱建住宅。实施“农村建设节地”工程，鼓励建设多层公寓住宅，推行建设联立式住宅，控制建设独立式住宅。

完善基础设施配套。深入实施农村联网公路、农民饮水安全、农村电气化等工程建设，推进乡村公共交通建设，促进城乡公共资源均等化。统筹建设农村社区综合服务中心，健全农村文化、体育、卫生、培训、通信等公共服务。

（四）加强乡村生态保护与环境治理力度

大力推进乡村生态环境治理工作需按照“村容整洁环境美”的要求，突出重点、连线成片、健全机制，切实抓好改路、改水、改厕、垃圾处理、污水治理、村庄绿化等项目建设，提升建设水平，构建优美的农村生态环境体系。江西省大部分农村的生活垃圾、生活污水、畜禽养殖和农业废弃物任意排放的问题严重，“污水乱泼、垃圾乱倒、粪土乱堆、杂草乱踩、畜禽乱跑”是一些农村环境的真实写照。因此，首先应因势利导、因地制宜地开展农村环境整治，着力实施“责任到人”、“全民共治”、“以奖促治”的政策。构建基本标准，划分环境治理责任区，在河长制的基础上再建立路长（渠长）制，将每条路、每个区域责任到人，达不到目标、完不成任务的，要严厉实施地方政府责任追究，确保环境治理实施。要充分利用宣传栏、广播、电视、报刊、网络等媒体手段开展多层次、多形式的宣传，扩大“以奖促治”政策影响面，引导广大农民积极参与连片村庄环境综合整治行动。激励村民自治，加强农民理事会、村务监督委员会、专业保洁队伍等组织建设，加大奖惩力度。其次，加快农村污水治理和垃圾处理等环保基础设施建设，依托生态文明建设实施工程分几步走，对于环境治理达标的乡村分级别加大基础设施建设的财力投入。在财力有限的条件下先进行长期总体规划，预留管网及重要设施位置。

推广农村节能节材技术。推动“建筑节能推进”工程在农村的实施，农村路灯太阳能供电、太阳能热水器等太阳能综合利用进村入户。引导农村新建住宅采用节能、节水新技术、新工艺，支持农户使用新型墙体建材和环保装修材料。大力推广节地节水节肥技术，深化测土配方施肥，推进病虫害绿色防控、统防统治和高效农药替代。四是推进养殖业污染治理。认真落实开展规模畜禽养殖场排泄物治理工作，加快建立病死动物“统一收集，集中处理”无害化处理运行机制。五是积极推行智能生态模式，着力构建低碳循环的绿色农业体系。深入实施污水净化沼气工程，畜禽养殖场（户）沼气利用技术普遍应用，努力推进农村沼气集中供气。将互联网和计算机技术与农业生产结合，大力推广实施“猪—沼—作物”、“林—鸡—有机肥—果蔬”等特色循环农业技术。积极推广农作物秸秆还田与综合利用技术，推广沼气多样化利用。

推进农村环境连线成片综合整治。按照“多村统一规划、联合整治，城乡联动、区域一体化建设”的要求，结合中央“农村环境连片整治项目”的实施，编制农村区域性路网、管网、林网、河网、垃圾处理网、污水治理网一体化建设规划，开展沿路、沿河、沿线、沿景区的环境综合整治，深入开展成片连村推进农村河道水环境综合治理。加大资源整合力度，健全完善环境整治配备，将农村与城镇生活垃圾处理系统有效对接，构建城乡垃圾无害化处理大平台。推行“县集中填埋、乡镇集中焚烧、农户分散处理”三种模式，对距县城较近的乡镇，新建垃圾压缩中转站，实行乡镇收集压缩、县环卫所转运填埋；对距县城较远的乡镇，建设新型自燃式焚烧炉，由乡镇收集转运焚烧。在进行垃圾农户分类处理方面，可以引入一定的奖励政策，帮助农户建立垃圾分类习惯。以网格化分片包干的形式，定期组织全县干部职工对圩镇周边、公路沿线、河道垃圾等进行清理，使农村环境明显优化。

开展村庄绿化美化。以增加护绿为重点，大力发展乔木和乡土、珍贵树种，形成道路河道乔木林、房前屋后果木林、公园绿地休憩林、村庄周围护村林的村庄绿化格局，美化村庄。

建立农村卫生长效管护制度。加强村庄卫生保洁、设施维护和绿化养护等工作，落实相应人员、制度、职责、经费，探索建立政府补助、以村集体和群众为主的筹资机制，确保垃圾、污水等设施正常运行。积极鼓励居民进行垃圾分类，探索建设村综合保洁站，拓宽保洁范围。

（五）以生态农业与旅游业为依托，优化乡村环境

积极发展乡村生态旅游业。第一，强化管理和规划，合理设计农村旅游蓝图。科学地制定农村旅游发展详细发展规划，按照旅游市场的要求强化农村旅游资源的特色和利用价值，将农村的旅游资源深度开发，形成特色鲜明的旅游产品。以旅游业的发展推动社会主义新农村建设，又以农业的深度开发促进农村旅游业向更高层次推进。农村旅游事业持续稳定发展的关键在于政府部门的管理和规划，因为只有政府部门才有可能通过行政、法律、经济等手段对本地区农村旅游事业从整体上进行规划和管理。农村旅游事业的健康发展必须依靠政府的扶持，要保持优惠政策的稳定，同时还需要政府提供专业人才实地进行指导。各地农村都要制定切实可行的发展规划，按照市场运行模式做深做透特色资源这篇文章，将本地资源转化为名牌特产避免重复建设、资源浪费和无序开发，又能实现农村旅游本土化、规模化、科学化，不断促进农村旅游事业健康、稳定的发展。第二，利用有资源优势的森林景观、田园风光、山水资源和乡村文化，发展各具特色的乡村休闲旅游业，加快形成以重点景区为龙头、骨干景点为支撑、“农家乐”休闲旅游业为基础的乡村休闲旅游业发展格局。实施“农家乐加快发展与规范提升”工程，强化“农家乐”污染整治，“农家乐”集中村实行村域统一处理生活污水，推广油烟净化处理等设备，促进“农家乐”休闲旅游业可持续发展。整顿市场、强化管理、科学规划，是实现可持续发展的必由之路要使农村旅游事业走上科学、规范、先进的轨道，并

促进社会主义新农村的发展，必须首先整顿农村旅游市场。充分运用行政、经济、法律手段，强化监督、指导和管理。第三，摸清全省旅游资源实际分布现状，有针对性地开发特色农村旅游产品，根据江西省农村旅游当前客源现状分析可知，大多数游客的心态是追求精神层面的享受，追求对自然美、环境美的享受。农村旅游的根本出路就在于充分利用丰富的农村旅游资源，凸显浓郁而实在的乡土气息体现历史悠久、形态独特农耕文化内涵，推出高质量的农村旅游产品。这样不仅可以满足江西省内市场的需求，也同时可以吸引国际市场的需求。要结合省内各地实际，发掘具体并积极开发富有地方特色的具有民俗、民风、休闲、乡土文化、古村古镇游，建设以省城为中心向全省农村辐射环城旅游圈及立足于现代科技特色的农村观光旅游带。

发展乡村生态农业。深入推进现代农业园区、粮食生产功能区建设，发展农业规模化、标准化和产业化经营，推广种养结合等新型农作制度，大力发展生态循环农业，扩大无公害农产品、绿色食品、有机食品和森林食品生产。推行清洁生产，提高农民收入。因地制宜，挖掘特色，开发具有本土特色的旅游产品和品牌目前到郊区去、到农村去、到自然界中去，吃农家菜、吃农家饭、享受乡野生活、亲近泥土是当今的旅游时尚，因此，旅游点具有本土特色的农村主打产品备受旅游者的追捧。因此，各地区要结合本地实际，不失时机地推出绿色产品、有机农产品迎合消费者的实际需求，充分展示农村本土的绿色和有机农产品的亮点，展示最具发展前景的有机农产品。农村旅游要发展绝不能脱离自身的条件，而应该挖掘本地区农村悠久的历史，突出浓郁的乡土气息，充分展示原生态的农耕文化内涵。

（六）扩大绿色扶贫范围，确保贫困群众同步迈入小康

实现江西省的生态文明，最大的短板在贫困地区和贫困群众。2015 年江西省省委省政府出台了《关于全力打好精准扶贫攻坚战的决定》，召开精准扶贫攻坚现场推进会。扶贫的投入进一步加大，2015 年省级财政增加 10 亿元支持产业、保障、安居三大扶贫攻坚战，专项财政扶贫资金达到 25 亿元，比去年增加了 23%。扶贫力度进一步加大。江西省有 5 千多个单位进驻贫困村进行定点帮扶，派驻了 1 万多名驻村扶贫工作人员。脱贫能力进一步增强。贫困地区基础设施条件不断改善，基本公共服务水平明显提高，特色优势产业加快发展，“造血”功能逐步形成。民生底线进一步提高。

加强贫困户的精准识别。对于建档的贫困村、贫困户和贫困人口进行全面核查识别，建立更加精准系统的扶贫台账，确保脱贫攻坚不漏一户，不缺一人。建立绿色扶贫财政投入制度。建立财政绿色扶贫专项资金制度，资金由国家设立，用于生态脆弱的贫困地区、经济不发达的革命老根据地、少数民族地区、边远地区开展绿色扶贫开发，以稳定的财政资金来源来支持一些社会效益较好，有广阔前景，但需要动用大量资金的绿色扶贫项目。积极发展绿色产业，提高贫困群众收入。依托贫困地区的资源禀赋和发展条件，大力发展特色优势产业，提高贫困群众的参与面和受益度。因地制宜找准发展产业，着力推动资源优势转化为经济优势。发挥农民合作社、龙头企业、家庭农场的带动作用，在旅游资源丰富的地方，深入实施乡村旅游扶贫工程；在林业资源丰富的地方，加快建设一批生产基地和精深加工项目，形成特色产业。构建多种与其他社会力量合作机制。政府直接购买社会组织绿色扶贫服务。建立政府向社会组织购买绿色扶贫公共服务制度，将部分原来本应由政府直接承

担的绿色扶贫事项交给有资质的社会组织来完成。一是政府对部分NGO（非政府组织）已经完成的扶贫项目进行考察，按照一定的标准进行评估后对效果不错的绿色扶贫项目支付服务费用。二是政府对将要实施的绿色扶贫项目，采取招投标的形式筛选出符合条件的NGO，以合同方式交予有资质的社会组织完成，并根据后者提供服务的数量和质量，按照一定标准进行评估后支付服务费用。NGO采取竞争性购买、指令性购买或协商式购买等方式取得扶贫项目，政府将财政资金直接拨款给非政府组织，这样一方面政府的资金鼓励NGO做大做强，另一方面NGO发挥自身的技术优势和服务力量，来弥补政府服务的不足。提倡龙头企业与贫困村结对子，创建“企帮村”活动，带领农村贫困群众发展产业、增收致富。促进乡村电商平台发展。在乡村设立电子商务平台和乡村物流网点，对村民进行广泛的宣传推广、进行网络技术培训，帮助村民利用电商平台销售自产农产品和快捷购买生活必需品。

第八章

打造“江西样板”的实现路径：创新体制机制

深入贯彻党的十八大、十八届三中、四中、五中全会和习近平总书记系列重要讲话精神，认真落实国家发改委等六部委下发的《江西省生态文明先行示范区建设实施方案》、江西省省委省政府《关于建设生态文明先行示范区的实施意见》、《中共江西省委关于制定全省国民经济和社会发展第十三个五年规划的建议》、江西省省委十三届十一次、十二次以及武宁现场会系列讲话精神，紧紧围绕江西省省委提出的“创新引领、绿色崛起、担当实干、兴赣富民”的战略方针，突出生态文明先行示范区建设的特殊地位，以全面深化改革为动力，以绿色、循环、低碳发展为路径，以提升发展质量、增进民生福祉为目标，统筹谋划、分类推进，积极探索江西生态文明建设的新体制、新机制，形成科学管用的可复制、可推广的生态文明制度体系，为江西生态文明先行示范区建设提供有力地保障。

一、落实和完善主体功能区制度

（一）探索建立空间规划协调工作机制，形成“多规合一”的常态化管理机制，优化空间开发体系

一是从顶层制度设计上出台和完善“多规合一”的规章制度，探索建立空间规划协调工作机制，统领全省“多规合一”工作顺利推进。完善《江西省城乡总体规划暨“多规合一”试点工作方案》（2014 年）和《关于“多规合一”工作指导意见》（2015 年），进一步明确全省“多规合一”工作思路，按照城乡一体、全域管控、部门协作的要求，编制市、县城乡总体规划，实现经济社会发展规划、城乡规划和土地利用总体规划、生态环境保护规划的“多规合一”。

二是积极开展和扩大“多规合一”县市试点，总结“多规合一”经验，完善“多规合一”的常态化管理机制。在鹰潭市、萍乡市两个设区市以及乐平市、丰城市、吉安县、湖口县、婺源县、樟树市 6 个县市现行进行省级“多规合一”试点的基础上，总结“多规合一”县市试点经验，适度扩大“多规合一”试点，努力创建以市、县城乡总体规划编制为抓手，以城乡规划为基础、经济社会发展规划为目标、土地利用规划为边界、生态保护红线为底线、处理好保护和发展两大主题，消除各大规划空间差异，形成多规统一衔接、集约高效、功能互补、覆盖全域的空间规划体系。

（二）全面落实空间管制措施，在重点生态功能区实行产业准入负面清单

全面落实《全国主体功能区规划》（2010年）和《江西省主体功能区规划》（2013年）有关国土空间的管制措施，根据不同区域的资源环境承载能力、现有开发强度和发展潜力，统筹谋划未来人口分布、经济布局、国土利用和城镇化格局，确定不同区域的主体功能，并根据主体功能定位，明确开发方向，完善开发政策，控制开发强度，规范开发秩序，逐步形成人口、经济、资源环境相协调的空间开发格局。

尤其是探索在重点生态功能区实行产业准入负面清单制度。一是归纳和总结国外主要发达国家和地区、上海自贸区等国内自贸区等方面开展负面清单制度的实践经验，为在重点生态功能区实行产业准入负面清单制度提供经验借鉴。二是从管理上和法理上厘清重点生态功能区实行产业准入负面清单制度的障碍和阻力。三是在重点生态功能区探索建立禁止准入类和限制准入类产业的负面清单制度，尤其是从准入机制、审批体制、监管机制、社会信用体系和激励惩戒机制、信息公示制度和信息共享制度、投资体制、商事登记制度、外商投资管理体制、法律法规体系等方面进行重点探索。四是尝试建立重点生态功能区产业准入负面清单制度与领导干部考评体系、生态执法体系进行衔接的体制机制。

二、完善体现生态文明要求的考核评价体系

遵循“五位一体”全面协调发展的思路，坚持即期与长期效应

相结合、突出差异和体现权重相结合、定量与定性相结合的原则，建立和完善体现生态文明要求的考核评价体系。

（一）制定更加简明、管用、差异化的绿色化考评指标体系

一是进一步统一全省生态环境保护也是政绩的思想。通过各种手段不断强化这样一种导向，发展好经济的政绩，保护好生态也是政绩，绝不让保护生态有功的地方吃亏，也绝不让牺牲环境换取发展的地方讨好，让领导干部充分认识到生态环境保护的重要性，进一步统一思想认识。

二是考核对象要“分化”，根据全省空间发展格局及区域发展规划，建立分地域考核、分类评价体系，实行差异化绩效考评办法。进一步落实主体功能区规划，树立鲜明导向，针对重点开发区、农业主产区以及重点生态区的县市领导班子和党政主要领导建立专类考核体系。

三是考核指标要“绿化”，尝试建立 GDP 与 GEP 双核算、共运行、同提升考评机制。将资源消耗、环境损害、生态效益纳入领导干部政绩考核体系，探索建立 GEP 评价体系，大幅度提高生态文明建设相关指标在政绩考核中的权重和分值，引导形成节约资源和保护环境的政绩观，形成以生态文明建设指标为重心的地方政府政绩考核体系。

四是考核办法要“实化”，考核办法要定量和定性相结合、以定量考核为主，平时与年终考核相结合、以年终考核为主的办法进行。具体方式上，采取“个人述、群众评、组织考”的方式考核，“个人述”由领导干部围绕确定的生态工作目标，述职“晒业绩”；“群众评”可以组织“两代表一委员”、服务对象、管理对象等各

个层面进行民主评议；“组织考”可以尝试建立生态考核实绩分析联席会，形成生态实绩分析报告，形成官员考核、升迁的依据。

（二）建立健全领导干部任期生态文明建设责任制度、自然资源资产离任审计制度和生态环境损害责任终身追究制

全面启动江西省全境自然资源资产负债表编制工作，实施与生态环境质量监测结果相挂钩的领导干部约谈制度，建立领导干部任期生态文明建设责任制，实行离任生态审计，科学客观评价领导干部任职期间自然资源资产开发、利用强度及保护责任的履行情况，完善节能减排目标责任考核及问责制度。对推动生态文明建设工作不力的，要及时诫勉谈话；对不顾资源和生态环境盲目决策、造成严重后果的，要严肃追究有关人员的领导责任；对履职不力、监管不严、失职渎职的，要依纪依法追究有关人员的监管责任。对造成生态环境损害的领导干部重大决策失误，实行问题溯源和终身追究。

（三）建立考核结果综合运用机制

将生态文明指标融入干部考评体系，优化以生态发展为导向、经济发展为目标的江西干部考核制度，将考核结果作为评价领导政绩、评优和选拔任用的重要依据。建立考核结果公示制，扩大公开范围，完善公开方式，保障公众对生态的知情权、参与权与监督权。建立领导干部政绩档案制，对每年的考核结果、群众测评、组织考查和奖惩等情况建立档案，作为日后干部培训、履职、就职等重要依据。

三、加快建立和完善全方位的生态补偿机制

探索建立生态补偿机制，是江西省生态文明先行示范区制度创新的重点工作，也是江西省生态文明建核心任务。

（一）进一步完善生态补偿法律法规和规章制度

通过完善法律法规，建立健全生态补偿长效机制。积极推进环境保护税立法工作。加快研究起草我省生态补偿条例，覆盖森林、草原、湿地和湖泊、荒漠、海洋、流域和水资源、耕地和土壤、矿产资源开发、禁止开发区域、重点生态功能区的补偿机制基本建立，明确生态受益者和保护者的权责；明确生态补偿的基本原则、主要领域、补偿范围、补偿对象、资金来源、补偿标准、相关利益主体的权利义务、考核评估办法、责任追究等，不断推进生态补偿的制度化和法制化。

（二）开展多元化、立体化的生态补偿的试点

开展省际横向合作，探索资金补助、产业协作、项目支持等补偿办法。建立中央财政转移支付与地方配套相结合的补偿方式，通过对口支援、产业园区共建、增量受益、社会捐赠等形式，实施横向补偿。切实做好东江源、抚河源、赣江源等流域的生态补偿试点工作，推动建立东江源跨省流域生态补偿机制。完善公益林生态补偿制度，建立公益林补偿标准动态调整机制，形成科学合理的森林生态效益补偿标准体系。在风景名胜区探索建立生态补偿机制。健

全矿产环境治理和生态恢复保证金制度，建立矿产资源开发生态补偿长效机制。积极探讨自然资源有偿使用的相关税费配套改革，比如：开征环境税、生态税、排污税等。创新生态补偿财政转移支付方式，根据生态文明建设考核结果，动态调整全省财政转移支付资金及干部职工绩效工资。

（三）逐步加大生态补偿投入力度

充分发挥公共财政在生态环境保护和建设方面的导向作用，加大生态环境领域的资金投入，加大对循环经济、清洁生产、节能减排、节地节水节材项目和企业的政策扶持。省级财政要完善对省以下转移支付体制，建立省级生态补偿基金，加大对省级重点生态功能区的支持力度。矿山企业要足额提取矿山环境治理恢复保证金。完善森林、草原、水、海洋、矿产、渔业等资源收费基金和有偿使用收入的征收管理办法，加大对生态环境保护与恢复的支持力度。健全生态功能区污水处理收费制度。推进煤炭等资源税从价计征改革，研究扩大资源税征收范围，适当调整税负水平。加大水土保持生态效益补偿资金的筹集力度。

四、创新河湖管理与保护的体制机制

河流、湖泊是水资源的载体，是生态系统的重要组成部分。创新河湖管护体制机制、维护河湖健康生命，是推进生态文明建设的必然要求，也是江西生态文明先行示范区建设的重点任务。

（一）尝试成立江西流域管理局，全面落实“河（湖）长制”

借鉴太湖、广东东江河湖管理经验，尝试成立江西省流域管理局。加强城乡河湖的流域管理，以满足河湖的自然生态和社会属性要求。将水务、环保、国土、交通及农业等相关部门承担的相应职责划入流域管理局统一管理。改善当前的河湖管理领域各级政府以及各部门间职责交叉，职权分散、权责不清的现象。推进流域水资源统一管理、统一规划、统一调度，积极探索城乡地表水与地下水、水量与水质统一管理，逐步实施流域的统一管理和区域水务一体化管理，实现流域内的优势资源互补和调配。

依据《江西省实施“河长制”工作方案》（2015 年），按照政府主导、部门分工协作、社会共同参与的原则，努力构建河湖管理保护长效机制，完善省、市、县三级“河（湖）长制”。落实生态河湖建设与管理责任人；开发利用河湖岸线资源，细化水环境控制要素指标，实行总量控制，完不成总量控制任务的，要严厉实施地方政府责任追究，确保河湖水环境迈向健康、可持续、良性发展轨道。

（二）对河湖统一确权登记，编制河湖水域保护规划

按照党的十八届三中全会关于山水林田湖统一确权登记的精神，制定江西省河湖生态空间统一确权登记制度，形成归属清晰、权责明确、监管有效的河湖资源资产产权制度。以河道自然岸线为基准，对河湖管理范围确权划界。在河道管理范围毗邻区域，进一步划定堤防安全保护区。

为了充分发挥河湖功能、维护河湖健康生命、保障水资源的可持续利用和水环境承载能力，编制和完善全省范围内的河湖综合治理规划、河湖岸线和水域资源开发保护规划、河道采砂规划，为加强规范化现代化管理提供科学依据。参照地下水“红黄蓝”区划分，根据防洪、排涝、生态、航运等功能要素，将河湖水域划分为红区、黄区和蓝区，红区原则上允许占用；黄区要严格限制占用；蓝区必须严格按照程序占用。除河湖水域保护专项规划外，在防洪规划、河道整治规划、航道整治规划、滩地利用规划等其他规划，应与河湖水域保护规划相衔接，体现河湖水域保护要求。

（三）建立水资源管理信息系统，提高河湖管理信息化水平

河湖水资源管理信息化建设应纳入整个水资源管理信息化建设中，提高河湖水资源管理的水平，节约和降低管理成本。利用先进的计算机网络、信息化和数字化等技术手段，在行业数据库、网络平台和自动化监测系统等建设的基础上，建立基于 GIS 的水资源管理信息系统。利用该系统实现水资源信息的采集、存储、分析、更新、查询、管理、输出、可视化，提高水环境管理水平，为水行政主管部门的规划、管理、决策等提供服务平台。建设内容包括水资源实时监控信息子系统、基于 GIS 的水资源信息管理子系统、取水许可管理信息子系统、水资源合理配置信息子系统和水资源预报信息子系统等。

（四）完善涉河项目审批制度，探索河湖水域岸线的有偿使用制度

一是在审批权限划分中充分考虑占用水域面积、水域重要性和

建设项目类型等因素。二是按照“占用最小化”原则，制定相关水域占用的控制标准，减少不必要的水域占用。一方面制定河湖水域保持率等宏观控制指标，另一方面确立具体项目水域占用面积的控制标准或相关计算方法。三是严格项目审批，限制建设项目占用水域。将建设项目按照公共基础设施和非基础设施进行分类管理。对公共基础设施建设，加强科学论证；对于工商业、房地产开发等非基础设施性项目，实行严格限制，原则上不予审批。

在相关法律法规、规章或政策文件的制定、修改中，参照相关资源有偿使用的规定，通过适当方式确立河道水域岸线的有偿使用制度，细化补偿方式、标准。

（五）推广运用PPP模式，创新河湖管理投融资机制

政府与社会资本合作（PPP）模式是在基础设施及公共服务领域建立一种长期合作关系。通常模式是由社会资本承担设计、建设、运营、维护基础设施的大部分工作，并通过“使用者付费”及必要的“政府付费”获得合理投资回报；政府部门负责基础设施及公共服务价格和质量监管，以保证公共利益最大化。

在河湖管理领域推广运用政府与社会资本合作（PPP）模式，能够将政府的河湖发展发展规划、河湖管理服务职能，与社会资本的管理效率、技术创新动力有机结合，减少政府对微观事务的过度参与，提高公共服务的效率与质量；可以拓宽河湖管理领域建设融资渠道，形成多元化、可持续的资金投入机制，有利于整合社会资源，盘活社会存量资本，激发民间投资活力，提升河湖管理效率。

各级政府应明确各方职责，构建统一、规范、高效的PPP管理机制，可由财政部门结合部门内部职能调整，成立由金融、预算、

经建、采购、绩效等业务口组成的PPP中心，有条件的地方可申请编制部门批准设立PPP中心，作为负责PPP日常管理的机构。各河湖管理部门确定各自管辖范围内PPP发展目标、规划，报相关政府PPP管理部门审核，协助对PPP项目开展合同管理、争议协调、统计研究和绩效评价等工作。

（六）建立水资源经济发展激励机制，以发展促河湖保护

只有民众能从河湖管理中能获得实在的利益，才能激发他们对河湖保护的内在动力。因此，我们应推动与河湖资源相关产业发展，建立民众能获益的经济发展模式，实现我省经济发展与河湖保护的协同发展，在发展中保护，以发展促保护。

如合理布局鳗鱼、虾蟹、淡水鱼等一批水产养殖基地，实施健康养殖，发展冷藏保鲜、精深加工等技术，拓宽营销渠道、变革营销模式，打造直供粤港澳、长三角的生态水产养殖、加工和出口基地，发展水产经济；可整合鄱阳湖、庐山西海、仙女湖及32个国家级水利风景区等水景水岸资源，拓展休闲、消费、赛事等功能，推进市场化运作，推动相关旅游公司上市，建设水景、水岸、水文化一体化的生态水游区和“百姓乐居、游客乐往”的知名旅游目的地，做强水游经济；可建设鄱阳湖、赣江的高等级航道，带动南昌、九江等港口码头和物流基地建设，发展水陆联运，开行“五定班轮”，开辟对接长江经济带新通道，推动我省水运经济跨越式发展；可以江西水土保持科技示范园、鄱阳湖模型试验和水文生态监测研究基地等为依托，重点开发水质监测、水处理、水净化、水加工等技术与产品，加快应用和推广，借鉴新加坡水科技产业发展模式，推动水科技经济发展；可通过建设鄱阳湖博物馆和一批水文化展示中心，与水旅游、水文化、水科技等融合发展、集成推进，做

大“中国鄱阳湖国际生态文化节”、“中国（仙女湖）七夕情人节”、“西海尚水文化旅游节”等主题活动和会展经济，不断提升品牌，提高影响力，发展水会展经济。

五、建立健全自然资源资产产权制度和用途管制制度

以坚守发展和生态两条底线为总要求，以国家自然资源所有权人与国家自然资源监管者相互独立、相互配合、相互监督为改革原则，健全和完善我省归属清晰、责权明确、监管有效的自然资源资产产权制度和用途管制制度体系。

（一）完善自然资源资产数据采集制度，建立自然资源资产台账

全面查清我省土地上的自然地理要素，落实自然资源的空间分布、位置、面积、范围等，逐步完成各类自然资源资产数据采集，建立健全我省自然资源资产产权管理数据库，为自然资源所有权人、监管者和使用权人履行职责、维护权益，提供基础信息支撑和服务保障。

通过填报自然资源资产明细账页和自然资源资产变动说明，建立自然资源资产台账，详实地记录自然资源的变化情况，动态掌握自然资源数量及其变动情况。统一管理自然资源，以信息化管理为手段，有机衔接数据输入管理的各环节，建立统一管理、信息共享、便捷高效的自然资源资产数据库系统。

（二）对自然生态空间统一确权登记，完善自然资源资产产权信息管理制度

以不动产统一登记为基础，根据国家不动产统一登记的总体部署，按照统一登记机构、统一登记簿册、统一登记依据和统一信息平台的四统一要求，整合登记职责，由单独一个机构负责所有不动产的登记工作。在此基础上，试点探索对水流、森林、山岭、草原、荒地、滩涂（湿地）等自然生态空间进行统一确权登记。逐步建立和完善自然生态空间统一确权登记的制度体系。

以信息化管理为手段，搭建自然资源资产产权信息管理平台，按照“一张图”统一管理自然资源的要求，有机衔接“建库、搭台、上图、入网”各步骤，建立统一管理、信息共享、便捷高效、服务公众的自然资源资产产权信息管理制度。

（三）探索建立多层次多形式的自然资源资产产权管理制度

在自然资源资产产权归属清晰、权责明确的基础上，探索开展自然资源资产评价，对自然资源实行资产管理。依照国家政策导向和顶层设计，建立自然资源国家所有地方政府行使所有权、所有集体行使所有权、集体所有个人行使承包权的管理制度，构筑科学合理、严格清晰、操作性强的自然资源资产产权管理制度体系。

（四）探索划分生态资源保护红线，建立严格的自然资源用途管制制度

在重点生态功能区、生态环境敏感区和脆弱区等区域划定生态

红线，确保生态功能不降低、面积不减少、性质不改变；科学划定森林、湿地等领域生态红线，严格自然生态空间征（占）用管理，有效遏制生态系统退化的趋势。

在建立科学空间规划体系和划定生产、生活、生态空间开发管制界限的前提下，根据“多规融合”的基本要求，遵循“山林田水湖”是一个生命共同体的原则，逐步建立覆盖全面、科学合理、分划清晰、责任明确、约束性强的用途管制制度。

（五）探索建立自然资源评估及核算体系，建立自然资源资产负债表制度

探索建立自然资源评估及核算体系，建立自然资源资产负债表。自然资源资产负债表的编制既可作为自然资源资产保值增值的重要基础，也可作为干部离任审计的重要依据。

自然资源资产负债表由反映价值的自然资源资产负债表和反映数量的自然资源实物量表构成，同时编制自然资源实物量流向表，记录造成自然资源资产损失的主体。为了既全面反映各类自然资源资产总量，又详尽反映单一自然资源资产的价值构成，在实物量表和价值量表的编制过程中，采用总表与附表相结合的编制方法，构建资产负债表系列，用总表反映自然资源资产总量，用附表反映单一自然资源资产的价值构成和自然资源量值的存量情况。

（六）建立和完善矿产资源保证金制度

一是完善相关制度。为了加强矿产资源规划、勘查、开采和保护，促进矿业可持续发展，建立矿山生态环境保护的长效机制，2008 年出台《江西省矿山环境治理和生态恢复保证金管理暂行办

法》（2014 年进行了修订），按照“企业所有、政府监管、专款专用”的原则，建立矿山环境治理和生态恢复保证金征收管理制度；2015 年，颁布《江西省矿产资源管理条例》。通过法律形式有针对性的就有关矿业权的取得、矿产资源勘探开采、矿山地质环境保护和监督管理等四个方面予以了规范和引导。二是强化治理力度。组织实施一批资源枯竭型城市和废弃稀土矿山地质环境恢复治理项目，通过走出去和引进来的方式，对全省的矿山进行大规模、地毯式的治理，矿山区域生态环境得到较大改善。三是加强监督检查。为有效促进矿山植被恢复，对全省矿山进行核查。敦促有关矿主进行环境修复。同时，对正在开发或打算开发的矿山资源，严格按照有关标准征收矿山植被恢复保证金，并且派出相关技术人员进行监督。四是开展绿色矿山试点。积极鼓励和指导企业申报国家、省级绿色矿山示范试点。

六、建立健全市场化机制

（一）积极探索市场化生态补偿模式

针对自然资源资产的自身特点，选择森林、水域等可通过经营方式来实现保护的有形资源资产，以市场化方式出让管理权和使用权，促进生态型产业发展和自然资源保护，增强全省优质生态产品生产能力。积极推动环境资源市场化交易，推进碳排放权、排污权交易市场，探索建立弃土配额交易、水权交易等机制，形成市场化的碳排放控制与自然资源资产保值增值的良性循环体系。强化企业的生态补偿责任，对其占用的生态环境资源或已经造成的生态破坏进行评估，按照市场化定价进行补偿。建立吸引社会资本投入生态环境保护的市场机制，推行环境污染第三方治理和环境监测市场化，推进生态保护、污染治理基础设施建设与运营管理市场化。逐步实施 PPT 模式，积极运用市场化的机制和办法，引导鼓励国内外资金投向生态建设、环境保护和资源开发，逐步建立政府引导、市场推进、社会参与的生态补偿和建设投融资机制。按照“谁投资、谁受益”的原则，支持鼓励社会资金参与生态建设与环境污染整治的投资、建设和运营。引导鼓励生态环境保护者和受益者通过自愿协商实现合理的生态补偿。积极探索生态建设、环境污染整治与城乡土地开发相互促进的有效途径，在改善环境中提高土地开发效益，在土地开发中积累生态环境保护资金，形成良性循环的机制。

（二）积极推动江西省碳排放权交易平台建设

设立中国南方（江西）森林碳汇基金，推进碳汇造林和碳减排指标有偿使用交易，在符合国家有关规定的前提下，支持南方林业产权交易所建设成为辐射南方区域性林权交易市场。

南方林业产权交易所于 2009 年 11 月在江西省南昌市成立，为全国第一家区域性林权交易机构。交易平台自成立以来，围绕打造林业市场的“统一市场、网上市场、资本市场”三个目标，提升林权价值，形成社会资本有序进出林业，努力建立全省统一、规范、活跃、辐射南方乃至全国的区域性林权交易市场。一是依托互联网整合全省林权交易机构，建立省、市、县联网的统一、规范、活跃的林权交易公共服务体系。实现了网上拍卖、竞价、招标、议价；依托互联网、门户网站和交易系统，将 11 个设区市和 79 个县级林权交易机构整合，实现了全省省、市、县三级联网服务平台。二是推进交易市场与金融机构对接，开展林权抵押贷款和直接融资服务业务，建立林业金融综合服务平台。加强了与金融机构的协调，分别与农信联社、邮储银行、建行等9家银行签订了战略合作协议，获全行业业务授信236亿元。三是开发运行中国林业网上商城，打造林业电子商务服务平台，引进了2000余家企业入驻商城，6000余个林业产品上线销售。

七、完善生态环境监测预警机制和环境保护制度

（一）探索建立“生态云”综合管理平台，推进环境监测预警机制建设

整合国土、环境、资源、产业、节能、减排、降碳等数据资源，探索建立涵盖数据、管理、服务、查询、交易等功能的“生态云”综合管理平台，紧紧围绕空间布局、产业转型、生态环境、低碳循环、资源资产、生态文化等六大领域，推进环境监测预警机制建设。

加强以省环境监测中心站为核心的全省环境监测站建设，完善以省、设区市、县三个层次的环境监测站构成环境监测网络。

明确环境监测站职能。剥离各级环境监测站承担的环境监测行政管理职责，把环境行政监测管理与环境监测技术概念和工作划清，各级环境监测站专职承担环境监测任务和负责环境监测的技术工作。

大力加强环境质量监测技术装备能力建设，加强污染源监测技术装备能力建设，提升掌握污染源污染物排污情况和“三同时”验收监测能力；加强环境预警和环境突发事故应急监测技术装备能力，提升环境预警和应急监测响应能力；加强遥测技术装备能力建

设，提升遥测在环境监测中的应用研究能力；加强环境监测与统计信息技术装备能力建设，提升环境监测信息化能力水平等。构建由基础地理信息管理、数据采集、环境信息查询、污染预警分析、环境质量变化趋势分析、污染扩散分析、信息发布系统等组成的完善的监测预警系统。

（二）建立健全环保督察制度，落实环境保护“党政同责”和“一岗双责”

建立健全环保督察制度，要明确督察的重点对象、重点内容、进度安排、组织形式和实施办法。要把环境问题突出、重大环境事件频发、环境保护责任落实不力的地方作为先期督察对象，要把净空、净水、净土作为环保督查的重中之重，要常态化督察贯彻党中央和省委省政府决策部署、解决突出环境问题、落实环境保护主体责任的情况。

要强化环境保护“党政同责”和“一岗双责”的要求，各级党委政府主要负责人对政府职责范围内的环境保护工作负总责，在上级党委、政府和同级党委领导下，严格落实环境保护行政首长负责制，切实抓好本地环境保护工作，定期检查环境保护工作。各级党政班子对职责范围内的环境保护工作负直接领导责任，按照“党政同责”和“一岗双责”要求，做好职责范围内的环境保护工作，对问题突出的地方和个人追究有关单位和个人的责任。

（三）探索建立省以下环保机构监测监察执法垂直管理制度

探索建立省以下环保机构监测监察执法垂直管理制度，分步研究提出省、市、县环境监测监察机构职能定位、人员编制、经费保障垂直管理改革意见及市、县环保部门机构管理体制改革意见，设定时间表，稳步推进实施。先期遴选部分县市环保机构监测监察执法开展垂直管理试点，总结经验、探索路径、完善机制、推广实施；尝试建立相对独立的环保机构监测监察执法，尝试建立省级层面生态环境保护司法体系，集中开展生态环境保护的侦查、执法、审判工作。

（四）完善鄱阳湖和“五河”流域水量水质实时监测制度

在鄱阳湖水量监测经验基础上，大力开展鄱阳湖和五河流域水量水质实时监测。着力解决目前水资源监测存在的七多七少问题：即降雨径流监测多，蒸发入渗监测少；地表水监测多，地下水补进排及水质监测少；自然水循环监测多，社会水循环监测少；水量监测多，伴生过程、水环境生态监测少；点多，线少面更少；静态多、动态少；现象描述多，机理解释少。

（五）建立和完善企事业单位污染物排放总量控制制度

建立健全我省主要污染物排放管理制度，如《江西省主要污染物排放总量预算管理办法》，建立主要污染物总量预算制度，规范预支增量、总减排量和控制排放量三项总量预算指标管理工作，规范建设项目预支增量指标审查核定程序。

（六）建立全省统一的实时在线环境监控系统，创新和完善公众参与环境监督保护的机制

成立生态文明建设专家咨询委员会，重大决策充分听取专家意

见。完善政府听证会制度和重大决策专家论证、群众评议制度，确保公众的参与权、知情权和监督权。建立公众诉求渠道，接受公众监督，形成社会普遍关心和自觉参与生态文明建设的良好氛围。鼓励非政府组织参与生态文明建设，开展环保宣传等社会公益活动。

（七）强化执法、司法监督

加强法律监督、行政监察，对各类环境违法违规行为实行“零容忍”，加大查处力度，严厉惩处违法违规行为。强化对浪费能源资源、违法排污、破坏生态环境等行为的执法监察和专项督察。资源环境监管机构独立开展行政执法，禁止领导干部违法违规干预执法活动。健全行政执法与刑事司法的衔接机制，加强基层执法队伍、环境应急处置救援队伍建设。加强环境执法能力建设，完善环境举报投诉受理处置机制，制定突发环境事件调查处理办法，建立昌九等重点区域大气污染防治和环境保护联防联控机制。

创新环境公益诉讼制度，健全法律援助机制，推进环保法庭建设，鼓励公众参与环境违法监督，提高生态环境案件处理效能。

八、健全试点工作机制，生态文明建设先行先试

强化和落实“点示范—线延伸—面扩展”的工作思路，推进生态文明县市先行先试：(1) 有步骤、有秩序的推进生态文明建设的“点示范”工作，根据示范要求，遴选第一批示范县（市、区）主要从以下五个方面进行先行先试：一是探索建立生态补偿机制，如安远县、武宁县、浮梁县、芦溪县等；二是探索完善主体功能区制度，如崇义县、婺源县；三是探索建立体现生态文明要求的领导干

部评价考核体系，如资溪县、余江县、湾里区、安福县等；四是探索完善河湖管理与保护制度，如新建区、共青城市等；五是探索建立区域联动发展机制，整合区域资源、提升品牌，如昌铜生态经济带。（2）在总结第一批生态文明先行示范县经验的基础上，按照一年开好局、三年见成效的要求，做好“线延伸”工作，以点带线，力争2017年生态文明先行示范县覆盖全省50%县（市、区）。（3）进一步总结“点示范”和“线延伸”的经验，通过示范引导，鼓励支持各地大胆探索、先行先试，形成可借鉴、可复制、可推广的样板模式，以线扩面，推动和促进全省生态文明先行示范区建设，为奋力打造江西样板提供经验。

第九章

打造“江西样板”的实现路径：培育生态文化

一、生态文化研究的背景

考虑到目前我国比较严峻的生态环境状况，以及文化在社会经济发展中越来越重要的现实情况，中国共产党在党的十八大报告中明确提出“五位一体”发展计划，该提法是十八大报告的“新提法”之一，即经济建设、政治建设、文化建设、社会建设、生态文明建设——着眼于全面建成小康社会、实现社会主义现代化和中华民族伟大复兴，另外，党的十八大报告对推进中国特色社会主义事业作出“五位一体”总体布局。生态文化是我们党为了解决当前经济社会发展中诸多的问题而主动进行的一次理论创新和新的实践探索，因此，我们对其进行系统研究具有意义。

从西方国家近现代发展的实践经验来看，生态好则发展好，生态兴则文明兴。生态环境一旦恶化，就会造成资源紧缺，目前已经成为制约中国现实经济社会发展的重大问题。近些年来，思想界和理论界越来越关注生态文化研究，目前是及今后很长一段时间仍将是研究的热点之一。

二、文化及生态文化的概念

什么是文化？文化属于上层建筑，是一种社会意识形态，是人类适应自然的方式。文化包括什么？我们一般认为，就其内容来说，文化包括物质文化、精神文化和制度文化三个方面。文化是人类在自然界生存、发展和享受的一种特殊方式；换句话说，文化是人类区别于动物的存在方式。它是人类所独有的方式。

如果要从理论上研究和实践上探索生态文化建设的话，首先应该从概念上弄清生态文化的涵义。作为一种社会文化现象的生态文化，自然具有文化所具有的属性，当然也是一种社会意识形态。但不同于通常意义上的文化，生态文化还体现了一种价值观，反映了人们对自然界的态度，即生态价值观。学术界多数研究者认为，生态文化具有广义和狭义之分。广义上来说，人类在社会历史发展进程中所创造的反映人与自然关系的物质和精神财富的总和是广义上的生态文化，是以自然价值论为指导的人类新的生存方式，这种定义下的生态文化与我们目前的生态文明含义基本上是一致的，是人们的一种生态价值观。狭义上来说，生态文化是一种社会文化现象，是一种以自然价值论为指导的社会意识形态。

三、生态文化思想的理论源流梳理

任何思想都不是凭空产生的，都有其产生的理论源流。研究生态文化思想同样要梳理其理论源流，当代中国生态文化思想来源于中国传统生态文化思想，同时吸收了马克思主义生态文化思想的精髓，是对它们的继承和进一步发展，当代诸多学者分别对它们进行了相关研究。

（一）中国传统生态文化思想研究

中国古代最深刻的哲学思想的古典道家博大精深，包含宝贵的生态文化思想，诸如生态伦理、生态哲学、生态人生、生态社会、生态消费、生态美学、自然价值等思想。道家生态伦理思想是万物平等，道生万物；其生态哲学思想为天人合一，道法自然；道家自然价值思想则是大道生生，万物莫不有；无为而治，以民为本体现出了其社会生态学思想；返璞归真，回归自然表现出了其生态美学思想；道家生态消费思想体现在知足常乐，崇俭抑奢（余谋昌，2006）。有深厚底蕴的自然与人和谐发展思想的古典道家极力关心自然，完全可以作为目前我省建设生态文化的思想基础，珍贵的思想源泉。蔡正邦对中国传统生态文化思想进行了比较系统的研究。他发现了我国古典生态文化中的几个观点，即“天人合一”、“天人交融”、“两天相分”等古典思想，深刻影响了对历代中国的社会发展。我国学者曾繁仁研究认为，针对中国古代“天人合一”思想，在当代文化建设领域中，学者们出现了截然不同的评价。“天人合一”思想通常认为是中华传统文化的精髓，里面所包含的古典生态智慧目前来看仍然具有重要的当代价值。我们从作为其源头的《周易》分析来看，它包含了“天人合德”、“太极化生”、“大乐同和”、“厚德载物”、“生生为易”等非常具有价值的生态智慧，自然可以成为目前我国开展生态文化建设的重要资源（曾繁仁，2006）。针对中国传统生态文化思想的研究，虽然学术界目前取得了一些成果，有些成果还有一定影响，但这种思想的发掘和研究还远远不够，还需学者们继续深入研究。

（二）马克思主义生态文化思想研究

形成于19世纪的马克思生态文化思想，一直忧思自然生态环境问题，该思想并没有随着时代的变迁而消失，相反，在今天的中国甚至世界更显突出和严峻。因此，我们研究马克思生态文化思想，对构建社会主义和谐社会，推进目前我国的生态文明建设具有十分重要现实意义。近些年来，我国不少学者对马克思的生态文化思想进行了深入研究，有了一些的研究成果。蔺运珍（2010）深入分析了马克思生态文化思想的形成和发展，对其时代背景与深刻动因进行了剖析，揭示了马克思生态文化思想的主体内容，即人与自然是辩证统一的，两者具有密不可分的关系；人类应该“经济利用”，既不能不用也不能过度利用甚至浪费自然资源，论述了马克思生态文化思想的时代意义。学者宋周尧（2006）研究认为，以人与自然实现本质统一的自然价值观为核心马克思生态文化思想，充分在人类劳动实践、人们生活消费、社会制度层面上展开，其理论体系具有内在严密逻辑关联性的。宋周尧进一步分析了马克思生态文化思想形成的现实基础和严谨的方法论基础，他系统从四个方面进一步概括了马克思生态文化思想的基本内涵，即人与自然实现本质统一的自然价值观；人的内在尺度与外在尺度密切统合不可分割的生态实践观；利用自然与复活自然互为一体的生态制度观；开发利用自然资源与节约自然资源互动的生态消费观，深刻揭示了马克思生态文化思想的当代价值。另外，马克思主义生态文化思想博大精深，学者们很有必要进一步深入研究。

四、生态文化体系建设研究

解决生态危机的有效方式之一是应该建设繁荣的生态文化体系，同时，建设繁荣的生态文化体系也是贯彻落实科学发展观的需要。生态文化体系建设的目的，其实就是营造人类美好的生产生活家园。近些年来，学术界对生态文化体系进行了诸多研究，主要研究了其构成内容、主要建设任务和对策建议。贾治邦（2013）精辟地阐明了构建繁荣的生态文化体系的核心内容，核心就是要普及生态知识，宣传生态典型，繁荣生态文化，增强生态意识，弘扬生态文明，树立生态道德，倡导人与自然和谐的重要价值观，着力构建内容丰富、主题突出、贴近百姓生活、富有时代感染力的生态文化体系。

生态文化体系建设的主要任务主要体现在以下几个方面：即构建生态文化的导向机制、驱动动机制和约束机制。从构建生态文化导向机制来看，我们目前应该从舆论导向、政策导向、市场导向三个方面进行。从生态文化驱动机制构建来看，应该从利益驱动、激励驱动、政策驱动三个方面展开，从生态文化约束机制构建来看，目前主要应该从人们的道德约束、法律约束、制度约束三个方面下手去做（蔡登谷，2007）。周霄羽（2007）提出了推进生态文化体系建设的几点建议，他认为目前应该加强生态文化基础研究，在全社会大力开展生态文化宣传教育和示范基地、窗口等创建活动，国家相关部门应该及早制定全国性及区域性的生态文化建设规划，切实加强生态文化宣传和各层级的科普工作，进一步做好繁荣生态文化艺术的工作，让相关生态文化活动深入群众、社区和校园。

五、生态文化建设路径研究

为了人类实现可持续发展，我们需要建设生态文化，同时建设生态文化也是时代的呼唤和要求。我国国内许多学者分析了我国目前生态文化建设存在的问题，提出了一些建设我国生态文化的相关路径。比如，学者胡今（2011）研究认为，目前我国生态文化建设主要存在四个方面问题，即公民生态环保责任意识淡薄；生态法制文化有待进一步完善；生态科技文化建设有待提高；企业生态文化建设有待进一步加强。胡今（2011）分析上述问题的基础上，他还提出了具体的思路和途径，即逐步完善我国的生态法制文化建设；逐渐构建生态型政府，提高自然资源利用效率；实施国民终身环保教育，在各个阶段加强国民的环保教育，提高生态文化素养；推动企业开展绿色研发、生产、经营和产品绿色回收，鼓励国民绿色消费；充分发挥各级各类社会组织和行业协会在国家、省级等层面的生态文化建设中的作用。赵宗彪（2006）认为，进行生态文化建设，首先应该以法律法规为保障，以科学文化为支撑，构建国民生态文化的大教育观，其次应该从我国传统文化中吸取营养的基础上，充分借鉴国外成功经验，建立公众参与的体制机制，不断与时俱进，不断开拓创新。陈幼君（2007）在分析生态文化问题基础上，提出了诸多对策建议：即各级政府要在生态文明建设的硬约束上应该有所建树；把生态文化建设与可持续发展相互协调起来；建立绿色决策的体制机制；大力普及公民的生态科学知识并加强进一步的生态文化再教育，着力提高全民生态意识水平；各级政府部门身体力行绿色消费，同时大力倡导全民绿色消费等生态文化建设。加强生态文化建设，应该充分继承和发展我国传统的生态文化，普及国民生态科学知识并加强生态教育，充分借鉴美、日、英、法等西方发达国家的生态文化建设先进经验，建立公众参与和监督机制，进一步建立和完善生态文化建设的法律法规体系，严格落实相关法律法规，进一步加强环境执法检查（丁宁宁，2007）。

六、区域生态文化评价指标体系构建

我国区域发展存在很大的不均衡，东部发达地区与中西部等欠发达地区经济社会发展情况存在很大不同，生态文化建设的着力点也就不同，最终导致地方经济社会发展的成效，也就是生态文化物质层面的具体体现也就存在不同，相应地，我们对其绩效考核的重点应该有所区别。东部沿海等经济发达地区生态文化建设的成效，我们重在考察其资源消耗与环境破坏的客观现实条件下，地方政府对降低资源消耗强度，治理农村面源污染，进行生态补偿等方面，生态考核上最终体现为居民生活宜居程度等方面；而中西部等经济欠发达地区生态绩效的考量，除考虑以上因素之外，考核重点应该是地方经济发展的生态化方面。

（一）指标体系构建原则

经过课题组前期大量调查，我们在构建评价指标体系的过程中，主要遵循以下原则：

第一，针对性原则。由于生态文化建设具有区域性差异特征，评价体系应该照顾不同经济发展程度的地方实际情况，分别针对东部沿海经济发达地区与中西部欠发达地区生态文化发展实际，分别设定相关绩效考核指标。

第二，动态性原则。由于生态文化建设具有历史阶段性差异特征，发展建设随着时代的变化而不断发生变化，因此，其绩效考察指标也应随之动态变化和不断得到优化。

第三，定量性原则。选取的指标应该来自于地方统计局、部门统计公报公布的重要指标，或通过相关统计数据直接或间接计算的指标，数据来源真实可靠，以保证指标的真实性、客观性、代表性与可获得性。

（二）指标选取

我们基于对文化、生态文化、生态文化体系等内涵与特征的分析，课题组遵循相应原则的基础上，充分参考了国内外生态文明建设评价、可持续发展指标体系等，我们初步设定了区域生态文化建设与发展的绩效考核指标体系，具体指标如表 8－1 所示：

表 8－1 基于绩效评价的区域生态文化指标体系

目标层	准则层	指标层	属性	所属指标体系
区域生态文化指标体系 X	生态环境健康程度 X1	全年空气质量达标率	X11 逆指标	1、2
		水源水质达标率	X12 逆指标	1、2
		全年降水 PH 年均值	X13 中间指标	1、2
		环境噪声平均值	X14 逆指标	1
	经济发展方式 X2	人均 GDP	X21 正指标	2
		人均财政收入	X22 正指标	2
		第三产业占 GDP 比重	X23 正指标	2
		R&D 占 GDP 比重	X24 正指标	2
		高新技术产业产值占工业总产值比重	X25 逆指标	2

续表

目标层	准则层	指标层	属性	所属指标体系
区域生态文化指标体系X	资源环境消耗强度X3	单位GDP能耗	X31逆指标	1、2
		单位GDP水耗	X32逆指标	1、2
		单位GDP废水排放量	X33逆指标	1、2
		单位GDP废气排放量	X34逆指标	1、2
		单位GDP固体废弃物排放量	X35逆指标	1、2
	面源污染治理与效率X4	工业粉尘去除率	X41正指标	1、2
		工业废水排放达标率	X42正指标	1、2
		工业固体废弃物综合利用率	X43正指标	1、2
		生活污水集中处理率	X44正指标	1、2
		生活垃圾无害化处理率	X45正指标	1、2
		环保投资占GDP比重	X46正指标	2
		农用化肥与农药使用量	X47逆指标	2
	居民生活宜居度X5	森林覆盖率	X51正指标	1、2
		绿化覆盖率	X52正指标	1、2
		人口密度	X53逆指标	1
		人均道路面积	X54正指标	1
		人均住房面积	X55正指标	1
		城乡居民人均收入比	X56逆指标	2
		城乡居民人均支出比	X57逆指标	2
		城镇居民人均居住面积	X58正指标	2
		农村居民人均居住面积	X59正指标	2

（三）指标解读

如表8-1所示，课题组分别从生态环境健康程度、经济发展方式、资源环境消耗强度、面源污染的治理与效率以及居民生活宜居程度等5个方面共计30个指标测度我国各省区域生态文化建设效果，另外，我们分别针对东部沿海发达地区与中西部欠发达地区分别设定了不同的指标（表8－1中"所属指标体系"1指发达地区指标，2为欠发达地区指标）。

七、培育江西生态文化的实践路径

生态文明建设要"把培育生态文化作为重要支撑"。将生态文明纳入社会主义核心价值体系，倡导勤俭节约、绿色低碳、健康文明的消费模式和生活方式，加强生态文化的宣传教育，提高全社会生态文明意识。这是党中央积极推进生态文明建设而提出的新的重要指导思想，具有重要的理论和实践意义。

生态文化是一种基于生态意识和生态思维的文化体系，是以人与自然和谐发展为核心价值观的一种文化，是解决人与自然关系问题的理论思考和实践总结。生态文化是反映自然—人—社会复合生态系统之间和谐发展的一种社会文化，同时也是一种生态价值观，是社会生产力发展、生存方式进步、生活方式变革的产物，是社会文化进步的产物，是生态文明的重要组成部分。

江西省在推进生态文明建设中应该充分发挥生态文化的引领作用，积极培育生态文化，重点应加强以下几个方面的工作：

（一）加强生态文明宣传教育，建立生态文化推广体系

目前，我国公民的环保责任意识普遍不高，根据"奥美爱地球"对1300名中国大陆消费者的调查数据统计来看，广大多数民众认为个人行为能在环保方面发挥作用的不到24%；而有69%的

人认为，环境问题应该首先是政府的责任。在江西省的生态环境保护工作中，政府从政策的制定到推行都起着主导作用，民众则处于被动角色。某地一旦出现生态环境状况危机，广大民众第一反应就是政府及其相关部门没有做好相应的工作，人们批评当地政府等相关部门的管理、监察工作做得不到位。而在美国进行的一项类似调查显示，大约有56%的美国普通民众认为个人的环保行为对环境产生影响，只有20%的人认为政府等相关部门更应该担负起保护环境的责任。在我国现阶段，据相关机构所做的调查，数据显示，大部分消费者对绿色产品高价格的容忍度仅为10%左右。以上反映出，人们的消费习惯及环保意识有待改变，我国（我省）公民的生态文化素质有待提高。前些年的外贸数据显示，中国每年生产的太阳能电池板只有约2%由本国使用，绝大部分销往国外，最近一、二年情况有所改观。但是，如何推动绿色消费仍然成为当下我国尤其是江西省亟待破解的难题。

基于以上现状，我省应该把强化生态文明理念、增强生态文明意识上升到提高全民素质的战略高度，广泛宣传生态世界观、价值观、伦理观和正确的财富观、政绩观、生活观，及时研究制定推进生态文明建设的相关道德规范，大力倡导生态伦理道德。加强对政府各级领导干部尤其是政府高级干部的生态文明教育，将生态文明建设相关内容纳入各级党校干部培训课程之中。将生态文明教育纳入干部培训、国民教育和企业日常的培训计划，全方位构建从普通家庭到社区到学校的生态文明教育体系。

我们可以仿效日本和英国的经验，目前应该加强对大学生、中小学生的生态文明教育，组织专家和相关学者编写一批加强生态文明建设的通俗教材，把生态文明等有关知识和课程纳入国民教育体系。加强对城乡社区、企业等基层群众的生态文明教育和科普宣传，积极组织开展地球日、地球一小时、世界环境日、中国水周、全国土地日、植树节等节日纪念活动。组织开展节约型政府机关、绿色学校、绿色商场、绿色医院、绿色社区、绿色家庭等创建活动，深入开展节俭养德全民节约行动、节能减排全民行动等。增加公众接受生态文明教育的机会，营造良好的社会氛围，不断提高全民生态文明素养。在全社会牢固树立生态文明理念，使之成为主流价值观，促进生态文明意识转化为全民意识，提高全社会践行生态文明的行动力和凝聚力。

课题组认为，目前可以从开展文化遗产保护工程入手，加大江西省内历史文化街区、名镇（村）、历史文化名城、传统村落的申报及保护力度。加强对全国重点文物保护单位和世界文化遗产的保护，积极做好御窑厂国家考古遗址公园、吉安的吉州窑考古遗址公园建设及湖田窑和吴城遗址等大遗址保护。文化厅等相关部门应该加快建立多层次非物质文化遗产名录体系和传承人认定体系，大力促进非物质文化遗产的保护、传承和推广。

（二）推行生态生活方式，倡导生态文明行为

在全社会广泛开展绿色新生活运动，推动全民在衣、食、住、行、游等方面加快向绿色低碳、勤俭节约、文明健康的方式转变，坚决抵制和反对各种形式的奢侈浪费、不合理消费，大力弘扬勤俭节约的优秀传统，推行绿色消费模式和生活方式。大力开展绿色低碳的生活行动，积极引导广大消费者购买节能环保与新能源汽车、高能效家电、节水型器具等环保低碳产品，切实减少一次性用品的日常使用，出台相关措施有效限制目前普遍的商品过度包装。大力推广城乡居民的绿色低碳出行，倡导绿色生活，政府应该严格限制上马高耗能、高耗水工业和服务业。完善政府相关部门的办公建筑节能监管体系，对大、中型商场和酒店公共建筑实施能耗限额管

理，逐步建立并实施能耗统计与能源审计制度。积极推进政府绿色采购，推动绿色节能办公，大力推行无纸化办公，建立公共机构废旧商品回收体系建设。在餐饮企业、单位食堂、家庭全面开展反食品浪费行动，提倡“光盘行动”。党政机关、国有企业在上述活动中要带头厉行勤俭节约。

近些年，江西省内的企业开展ISO14000标准认证工作进展缓慢，许多企业甚至还没接触过相关的环保标准，生产工艺及设备不符合环保要求的现象比较普遍，在产品的运输、使用和弃置等多个环节几乎没有向用户提供必要的环保信息和建议，在企业内部多数没有建立起企业生态文化的教育和培训制度。在进行企业商标设计、广告发布、产品开发、形象策划等商务活动中对很少重视生态文化因素。

课题组提议，江西省应该在国家相关政策的基础上，加大补贴支持消费者购买使用节能、节水、低碳、环保产品，提高使用一次性产品的成本，甚至加重该类产品的税收比重。奖励相关企业和个人生活垃圾分类回收处理，可以在一些地方推行“换物超市”进校园、进社区活动，促进物品循环利用。

开展家庭垃圾分类处理、推行无纸化和低碳节能办公、大力发展低碳公交和惠民公交、积极推行绿色出行“135”计划（真正做到1公里步行、3公里骑自行车、5公里乘公交车）。不断提高群众生态文明意识，全面推进生态文明教育，创建一批省级中小学“绿色学校”和市级以上生态文明教育基地。

（三）建设生态文化载体，培育特色生态文化

塑造生态文化品牌。加强文化人才队伍建设，加快公共文化基础设施建设和数字化改造，加大对生态文化题材文学、文艺作品创

作的支持力度，深入挖掘红色文化、戏曲、中药、茶、陶瓷、稻作、竹等具有地方特色的文化资源，推动一批体现人与自然和谐统一的特色文化项目。加快推进赣南客家文化和婺源徽州文化等国家级文化生态保护实验区建设，支持景德镇陶瓷文化、江西茶文化、临川（汤显祖）文化、万年稻作文化、樟树中药文化、庐陵文化等申报文化生态保护实验区。加强江西省生态文化对外交流，办好每年一次的鄱阳湖国际生态文化节、赣州国际脐橙文化节、南丰国际蜜橘文化节、广昌莲文化节等生态文明大型主题活动，提升赣鄱文化品牌影响力。重点打造南昌动漫产业、景德镇陶瓷文化创意产业、赣州民间工艺创意、黎川油画和陶瓷等产业，大力支持开发地方特色生态文化产品。

充分发挥地方各级图书馆、文化馆、博物馆、体育健身中心、老年活动中心、青少年活动中心、市民休闲广场等在传播生态文化方面的作用，使其成为弘扬生态文化的重要阵地。加强湿地公园、地质公园、森林公园、风景管理区、自然保护区等的建设和管理，使上述地方成为承载生态文化的重要平台。

保护和开发生态文化资源，在生态文化遗产丰富并且保持较完整的区域，首先应该建设一批生态文化保护区，维护生态文化多样化。结合生态村、生态乡镇、生态县建设，加快建设并形成一批以绿色学校、绿色社区、绿色企业、美丽乡村为主体的生态文化宣传教育基地。借助广播、电视、报刊和网络，及时开辟生态文明理论研究和建设实践专栏，为生态文化的交流、推广、传播提供多样的平台。

（四）鼓励公众积极参与，完善公众参与制度

生态文化氛围不浓，人民群众参与度低，人们还没有形成生态

文明的意识和理念，有些群众甚至认为生态文明建设是环保部门的事。我们的调查数据显示，超过50%的被调查对象无法说出当地的环境问题举报电话，除此之外，受访者中，在10个有关生态文明知识方面的平均知晓数量是6项，而全部了解的不及2%。正是由于人民群众对众多的生态环境问题关注度低、对于生态环境问题知识掌握不够全面，所以就会有意或者无意地做些破坏和污染生态环境的事情，从而影响到生态文明建设的步伐。广大人民群众对生态环境问题的关注度越来越高，但极少落实到实际行动上，呈现出“知行不一”的现状，并不能做到自觉地参加有关生态保护活动，不能真正把生态消费意识落实到日常生活中；在面对身边自然环境破坏的事情时，人民群众一般对与自身没有直接关系的环境问题采取消极态度，群众参与环境保护的程度很低，一旦这些生态问题严重影响到了居民的日常生活，这时人们才会采取一定的行动。

因此，各级政府部门应该及时、准确披露各类环境信息，保障公众知情权，维护公众环境权益。健全听证、举报、舆论、公众监督等相关制度。建立环境公益诉讼制度，对破坏生态、污染环境的行为，有关政府部门应该及时提起公益诉讼。在建设项目立项、实施、后评价等环节，有序增强公众参与程度。引导生态文明建设领域各类社会组织健康有序发展，发挥民间组织和志愿者的积极作用。

另外，积极引导社会公众参与生态文明建设，采用听证会、论证会和社会公示等形式，扩大公众对生态文明建设的参与权、知情权和监督权。鼓励和支持公民、法人和其他各类组织通过多种方式对生态文明建设工作进行监督，鼓励和支持新闻媒体对生态文明建设工作进行舆论监督。公民、法人和其他组织一旦出现对造成环境污染和生态破坏的行为进行检举和控告的情况，有关部门应当及时受理并组织人员进行核查和处理。

（五）发挥行业协会作用，提升世界低碳大会影响力

应该充分发挥社会组织和行业协会在生态文化建设中的作用，社会组织和行业协会应通过制定本地区行业企业及个人共同遵守的适应生态环保要求的行为规范，使企业及个人经营行为符合生态要求。同时积极协调政府管理部门与专业经济组织的关系，为政府的相关决策提供咨询和建议，使生态文化建设和相关社会组织及行业协会的工作相互促进。

除了积极发挥行业协会作用外，还应该提升江西南昌世界低碳大会（2016 年 7 月更名为“世界绿色发展投资贸易博览会”）的影响。2009 年 11 月 17 日，由国家发改委等七部委和江西省人民政府主办的首届世界低碳与生态经济暨技术博览会在南昌隆重开幕，世界低碳大会的举办对大力推进和发展低碳与生态经济，提高人类环保意识，保护我们共同的绿色家园；通过科技创新，发展以低能耗、低污染、低排放为基础的低碳与生态经济模式，推动能源高效利用、清洁能源开发、绿色产业的进步，实现人与自然和谐发展具有重要意义。江西省目前已经成功举办了三届博览会，相比生态文明贵阳会议的规格和影响力（2013 年经党中央和国务院领导批准，外交部同意贵州省举办生态文明贵阳国际论坛。这是我国目前唯一以生态文明为主题的国家级国际性论坛），江西省的“世界绿色发展投资贸易博览会”需加强以下三个方面的工作：

一是创新模式。应该充分发挥全国政协的政治优势、国内外著名高等学府的学术优势和江西建设生态文明样板的实践优势结合起来，形成了组合优势，比任何一方单独主办效果要好得多，可以实现多方共赢。

二是提升规格。请党和国家领导人参会或者给会议发贺信，请

外国政要和相关领域的国际知名人士参加，考虑参会者时，要求他们都是各自领域层次很高、权威性很强、影响力很大的嘉宾，探讨问题要求针对性、前瞻性强，有相当的深度。争取把会议升格成国际级的国际性大会。

三是扩大影响。课题组建议，2016 年 11 月在江西南昌召开的世界绿色发展投资贸易博览会争取吸引国际、国内众多影响力很大的媒体前来采访报道。争取人民日报、中央电视台新闻联播等国内具有重大影响的媒体进行详细报道。和国内网络媒体如新浪网、新华网等进行合作，争取对会议开幕式进行全程直播。

第十章

打造“江西样板”的支撑和保障

一、强化组织领导和组织协调，为打造“江西样板”形成合力①

打造生态文明建设“江西样板”是一项宏伟工程，需要全省各职能部门和各级地方政府有效配合、协同推进。为此，应进一步加强全省各职能部门和各地方政府的组织领导、组织协调，共同推进我省生态文明建设各项措施落到实处。省委省政府应进一步强化和拓展江西省生态文明建设领导小组的职能，着重负责统筹推进江西样板实现路径的各项工作，研究解决重大事项；为更好的组织、协调和推进好生态文明建设“江西样板”的打造，应整合现有的部门机构，单独设立领导小组办公室。全省各市县同时也成立相应机构，负责落实生态文明“江西样板”实现路径的各项重要工作。为确保生态文明建设“江西样板”打造各项工作的落实，必须加强对

① 《中共江西省委　江西省人民政府关于建设生态文明先行示范区的实施意见》(2015 年)。

生态保护、绿色产业构建、美丽家园建设、创新体制机制等工作同步部署、同步推进、同步考核。打造生态文明建设江西样板，是省直单位和各市、县（市、区）区域当前工作的重中之重，确保有序、有效推进国家六部委确定的《江西省生态文明先行示范区建设实施方案》（以下简称《实施方案》）以及省委、省政府细化的《实施意见》，使之落到实处，按照《实施方案》和《实施意见》要求，进一步细化分工，稳步推进，落实到人。建立督查通报制度、工作问责制度、奖励考核制度等，明确分工责任，考核评估，确保各项工作落到实处，对工作推动不力、效果不佳且没按期完成任务的，要给予相应的问责。

与此同时，省委省政府应积极教育引导各级领导班子和领导干部树立科学发展理念、谋划科学发展举措，成为江西绿色崛起的强有力推手。特别是自江西省生态文明先行示范区上升为国家战略以来，省委省政府组织深入贯彻习总书记对江西提出“新的希望、三个着力和四个坚持”要求，全面贯彻省委十三届十一次全会关于全力推进绿色崛起工作的部署，围绕“五年决战同步全面小康”目标，紧扣“创新引领、绿色崛起、担当实干、兴赣富民”方针，紧扣绿色崛起主题，引导各级领导班子和领导干部树立正确政绩观，为打造生态文明建设江西样板提供坚强组织保障。

此外，在生态文明建设“江西样板”打造过程中，要落实主体责任，突出领导班子的集体责任、党组书记第一责任、班子成员的领导责任，强化生态文明建设的统一领导。首先，要强化领导班子集体责任。要深刻认识生态文明建设“江西样板”打造是党中央和省委省政府的重要部署，是建设美丽江西的一重大战略。领导班子集体要高度重视，抓好各项工作的落实，把生态文明建设作为一项政治责任，要成为生态文明建设“江西样板”打造的推动者、执行者。各级地方政府要和相关部门要及时传达贯彻党中央、省委省政府关于推进生态文明建设的决策部署，分析当前生态文明建设工作面临的形式任务，研究进一步的加强和改进的具体措施，确保生态文明建设“江西样板”打造各项工作顺利进行。其次，强化党组书记第一责任。发挥党组书作为生态文明建设工作领导小组第一责任的作用，定期听取生态文明建设工作情况汇报，对生态文明建设重要规划、方案、环节，要亲自过问、协调、阅批和督办。设立生态文明建设领导小组第一书记信箱箱，收集群众关于生态文明建设的好建议和反映的问题。最后，强化班子成员的领导责任。领导班子成员的责任范围包括自身岗位业务工作和生态文明建设工作，按照“一岗双责”的要求，认真履行好责任。结合自身岗位业务工作，认真研究、部署、落实生态文明建设“江西样板”打造工作。

二、加大各项政策支持力度，为打造“江西样板”增添动力

（一）产业政策支持[①]

根据江西省地理位置、资源等要素禀赋状况，因地制宜，围绕打造生态文明建设江西样板的路径，制定相关配套的产业政策。

一是不断优化产业结构，提高绿色产业比重。大力发展战略性新兴产业。坚持把培育壮大战略性新兴产业作为引领未来发展的主导力量来抓，持续加大投入，加强扶持。需着重关注和引爆的重点产业包括新型光电产业、电子信息产业和生物医药产业等。抓好“中国制造 2025”的战略机遇，积极发展汽车、大飞机制造、智能

① 《江西建设国家生态文明先行示范区的路径与政策措施》（张宜红，企业经济，2015. 2）。

制造等先进装备制造业。大力发展新能源汽车、光伏等新能源及其应用产业，积极开发节水、节能、净化等新产品，着力培养一批节能环保产业龙头企业。推动现代服务业加速发力。积极培育做大做强金融服务业，重点发展物流、电子商务等行业，积极培育信息科技、研发设计、商务咨询新兴行业，促进产业逐步由生产型制造向服务型制造转变，实现服务业与工业、农业等在更高层次的有机融合。做强做大江西生态旅游品牌。依据国家发展改革委国家旅游局发布的《全国生态旅游发展规划2016～2025》，定位好目标，努力打造一批全国具有一定影响力的生态旅游胜地，整合全省旅游资源，合理规划路线，科学布局，使我省成为全国生态旅游强省。推进旅游演出、旅游产品、旅游装备制造业，进一步延长旅游产业链。加快发展绿色生态农业。推进我省粮食主产高产区农田水利设施建设和农村土地整理复垦等，加大政府财政奖励扶持力度，努力实现农业生产规模化、标准化和生态化。利用我省现有的农业优势，努力打造一批全国重要的农产品生产加工基地和品牌，如赣南脐橙、南丰蜜橘等；加大对我省农产品物流中心和采购中心建设的财政支持力度；不断健全我省农产品质量安全监管和检验检查体系；根据我省农产品结构情况，针对我省比例高或特色的农产品，开展农业金融和农产品保险服务。推进我省现代农业示范园区建设。深入推进“百县百园”工程。通过政府财政资金扶持引导，努力打造一批生态农业示范区、农产品物流核心区、标准化农业生产样板区、多功能开发先行区、先进生产要素集聚区和绿色有机农产品重要供给区。园区建设将推动农业与第二、第三产业相融互促，联动发展。着力调整优化能源消费结构。严格控制全省煤炭消费总量，降低我省煤炭消费比重。加快推进煤炭清洁高效利用，大力推广使用型煤、清洁优质煤及清洁能源。增加天然气供应，优化天然气使用方式，新增天然气优先用于居民生活或替代燃煤。大力推动我省核电建设，推广风能、太阳能等清洁能源的使用。加快推进核电项目落户江西及“万家屋顶”光伏发电示范工程。积极化解过剩产能和淘汰落后产能。认真贯彻落实《国务院关于化解产能严重过剩矛盾的指导意见》（国发〔2013〕41 号）以及《江西省人民政府关于化解产能过剩矛盾的实施意见》（赣府发〔2013〕35 号），严格项目管理，各地、各有关部门不得以任何名义、任何方式核准或备案产能严重过剩行业新增产能项目，依法依规全面清理违规在建和建成项目。严格控制“三高”产业新增产能项目，加大淘汰水泥、造纸、炼钢、船舶等产能过剩行业力度。

二是建立健全市场协调机制。建立统一、完善、有序的市场体系，健全竞争机制。打破已存在的区域封锁、市场分割和不合理的行业壁垒，使资源能够在市场机制调节中有效地进行跨行业、跨部门、跨地区配置，提高资源配置效率，优化产业组织结构。比如，减少政府对经济的干预，更好地发挥市场配置资源的决定性作用，政府需简政放权；清除地方保护和市场壁垒，加快形成全省统一市场；深化要素市场改革，促进资源在更大范围优化配置；打破行业垄断，创造市场主体公平竞争的环境。推动企业建立节能降耗减排机制。企业是资源加工利用和环境保护的主体，必须通过政府规制和经济手段，使节能降耗减排成为企业自觉的行为。认真贯彻落实《国务院办公厅关于印发 2014～2015 年节能减排低碳发展行动方案的通知》，根据我省社会经济发展现状，制订和完善我省节能减排目标和实施方案。积极参与国家节能标准的编制，制定符合江西省社会经济发展需要的节能标准，不断完善我省节能标准体系。同时，政府鼓励企业编制的节能标准应该要高于国家的最低标准。加大节能减排宣传力度，强力推进节能标准的实施。突出企业在自主创新中的主体作用。首先，应加强对企业自主创新的支持，建立和完善以企业为主导，市场为导向，产学研结合的自主创新体系；其次，应不断改善市场环境，鼓励风险投资，支持中小企业自主创新能力的提升。最后，大力实施创新驱动发展战略，不断提升我省技术创新能力，强化企业自主创新的主体地位，提升我省企业自主创新能力和国内外竞争力。

三是重点扶持绿色高新技术。政府对技术开发与推广应用的支持政策重点应放在对有利于生态环境保护与资源有效利用的高新技术上，力求在提高经济效益的同时，减轻对生态系统的压力，加强对生态系统的保护，维护生态、经济系统综合平衡。具体表现有：加强环境产业技术创新，政府相关部门引导科技投向环境产业重点领域，帮助环境保护企业实行品牌战略，从产品设计和加工制造工艺方面提升产品质量；借鉴国内外的经验，培育和发展以企业为主体的产业技术创新体系；高新技术产业发展要坚持自主创新、规模发展、国际合作的原则，立足原始创新、集成创新和引进消化吸收再创新，把自主创新作为高新技术产业发展的战略基点；着重发展先进信息技术、清洁生产技术、资源节约技术、废弃物再资源化技术、再生能源技术、节能技术等有利于生态、经济系统综合平衡的高新技术。加大研发投入，鼓励各级政府和企业加大投入。加大引进人才力度。积极推进大众创业、万众创新，依靠改革的力量，打破对企业和个体创新的种种束缚，搭建创新成果转化的高效平台，真正在创新创业实践中发现人才、培养人才、用好人才。加快实施创新驱动发展战略，实施“互联网 +”行动计划，出台《关于大力推进大众创业万众创新若干政策措施的实施意见》，明确科技人员成果转化政策，打造产学研用协同创新体。

（二）金融政策支持[①]

一是重点发展“绿色金融”，在服务方向和发展重点上给予调

---

① 《绿色金融创新，促进可持续发展》（天津日报，2014.6）。

整和支持。打造生态文明建设“江西样板”是一项长期且非常艰巨的战略任务，离不开政府强有力的推进和社会各界的齐心协力。金融部门作为社会经济发展的重要推手，应为打造生态文明建设“江西样板”这一重大战略的实施提供强有力的支持。没有“绿色金融”在发展方向和发展重点上的调整和支持，打造生态文明建设江西样板路径的实现是不可能的。要把打造生态文明建设江西样板的路径同金融业的经营目标统一起来。各项金融政策的推行中，应深入理解把握打造生态文明建设“江西样板”路径的理念，使之落实到具体的行动中去。应促成各类金融机构共同推进我省生态文明建设，为打造生态文明建设江西样板路径的实现提供系统的融资规划，鼓励金融机构加大绿色信贷支持力度，在生态保护、改善民生、重大基础设施建设、产业升级等领域引入更多生态项目。政府应与金融机构以投融资主体建设为载体和以创新融资服务机制为重点突破口，在生态文明建设“江西样板”打造过程中开展合作。推进打造生态文明建设江西样板路径的实现。政府应积极鼓励金融机构加大对产业转型升级、资源节约、环境保护、生态建设及科技创新等项目的信贷投放力度，支持搭建银企对接平台，大力发展绿色信贷。在全省范围内，有步骤有计划试推行林权、采矿权等抵押贷款服务。

二是以“绿色金融”为方向，强力推动低碳经济和循环经济发展。低碳经济和循环经济是打造生态文明建设“江西样板”的必然选择，也是建设美丽江西的必经之路。江西省政府应积极落实中央推出的《关于改进和加强节能环保领域金融服务的指导意见》、《关于落实环保政策法规防范信贷风险的通知》等文件，适时加强信贷政策方面的引导，积极发展“绿色金融”。同时，政府应积极引导省内金融机构调整服务方向和重点，使金融机构在调整经济结构、节约能源资源、保护生态环境、推动自主创新、改善人民生活、促进区域协调发展等方面发挥重要作用。要求金融机构在信贷决策中应将低碳经济和循环经济作为业务重点和增长点，引导金融机构深入研究低碳经济和循环经济发展过程存在的突出问题，把握好未来低碳经济和循环经济的发展方向，据此更好地制定和完善各项“绿色金融”信贷政策，加大环境保护、节能减排等领域的金融服务，配合国家及我省低碳发展政策，调整贷款结构，使之与低碳产业发展方向密切结合。

三是加快“绿色金融”产品创新，建设“绿色金融”品牌。在水资源利用和保护领域，不断丰富“绿色金融”产品。同时，在大气污染治理和防治、降低能源消耗和污染排放、提高效率和效益等领域，积极创新“绿色金融”产品，争取在这些领域有所作为。金融机构需要不断丰富“绿色金融”产品和创新服务方式，利用信贷导向鼓励科技创新，以此推动资源利用效率提高、减少环境污染、增加新能源的使用、节能减排等，加大低碳产业发展，形成生态产业集聚优势，为打造生态文明建设“江西样板”新添动力。除金融机构信贷融资之外，还应鼓励有条件的企业或项目发展直接融资，比如发行各类金融债券工具筹集资金，同时，鼓励社会各类公益基金和争取各类国际援助资金加大生态环境保护和节能减排的资金投入。在全省范围内，加大宣传力度，引导全社会树立环境保护意识和节约资源的生活理念，以此推动“绿色金融”的发展，成为打造生态文明建设“江西样板”的有力保障。探索开展生态工程项目中长期债券融资试点，支持大型节能环保企业设立财务公司，支持符合条件的企业通过发行债券、股票及资产证券化方式进行融资，支持江西银行大力开展各类信贷资产证券化业务。推动生态环保项目利用国际金融机构优惠贷款，支持融资性担保机构加大担保力度。支持在江西发行销售生态文明即开型彩票，筹集资金专项用于生态文明先行示范项目建设。

四是优化金融生态环境。金融生态环境也是生态文明建设的重要组成部分，打造生态文明“江西样板”离不开良好的金融生态环境，不断优化金融生态环境将为生态文明建设提供强有力的支持。为此，政府应把金融生态环境作为重点工作来抓，把优化金融生态环境和改善投资环境视为同等重要，不断完善相关政策措施，为金融机构和企业营造宽松和共赢的政务环境。政府应加强引导金融机构按照“区别多贷、有保有压”的原则，严格限制对“高消耗、高污染、高排放”行业的贷款。同时，对一些涉及节能减排的技术创新、品牌创新、重点领域和项目的加大信贷支持力度。政府、金融机构和企业应加强协作，建立对接平台，使金融宏观调控政策得到更好落实，金融机构和企业成为推动低碳经济和循环经济的重要推手。在全省范围内，大力开展诚信教育活动，提高公众的信用意识。不断建立和完善社会信用体系，着重构建征信机制。金融机构在新建项目、审查和审批的过程中，应把绿色信贷作为重要导向，对高耗能、高污染、破坏生态环境的项目，一票否决，不给予信贷融资；对低碳、高效有利于生态环境保护的项目，加大信贷融资力度；以此引导企业重视节能减排和环境保护，不断优化资源配置，开发推广使用节能环保技术，实现生态文明的新发展。

五是从法律、法规和政策措施上，加大“绿色金融”的支持力度。政府相关部门应尽快推出“绿色金融”项目认证规则，为“绿色金融”项目提供指导，统一标准，进行合理的分类统计。为提高金融机构发展“绿色金融”的积极性，应鼓励金融机构创新金融产品专用于“绿色金融”业务。不断完善金融生态环境，对金融机构实行差别化监管和激励措施。具体的做法包括放宽有条件“绿色信贷”不纳入存贷考核和呆坏账核销等。为降低金融机构成本和风险，政府对“绿色金融”项目给予财税支持，比如降低“绿色金融”业务的相关税率，对“绿色金融”项目贷款进行贴息。

（三）财税政策支持[①]

一是加大对生态环境保护方面的政府财政资金支持力度。既要保持增量的调整，又要保证存量的调整，两者并重，加大财政支持力度。紧紧围绕低碳经济和循环经济发展战略和重要生态文明建设目标要求，在每年财政预算支出计划中，逐渐提高生态环境保护财政资金支出比重，压缩行政支出和一般性经济建设支出。整合现有专项资金，形成合力。为提高生态环境保护财政资金使用效率，应整合可再生能源专项资金、节能减排专项资金等不同的专项资金，形成统一且具有一定规模的节能环保发展专项资金。建立专门的预算科目。政府财政预算作为节能环保资金的重要来源，为保证节能环保资金投入的可持续性和稳定性，必须合理设置预算科目。应在已有的“环境保护”大类（211）科目设置基础上，进一步拓展涵盖面，以便更加准确及时全面掌握和统筹我省在节能环保相关领域的财政资金投入。同时，建立省市县多级共同财政资金投入的机制。在生态环境保护方面，省政府与县级政府在税收、金融、价格等方面应保持联动、协调，建立各级政府和各部门财政共同投入机制。

二是优化节能环保财政资金的投入结构。在节能减排技术的研发、示范和推广方面，加大财政资金投入倾斜力度。因节能减排项目涉及面广且投资大、短期经济效益不明显，存在一定的风险，这直接影响了企业和个人对节能减排技术开发研究、推广使用的积极性。技术示范和推广是节能减排技术进步的重要环节，在这些方面，政府应通过财政支持给予积极引导。加大节能和环保服务业的

① 《建立财政对生态环境投入新机制》（苏明，经济日报，2015.6）。

财政支持力度。政府应积极落实好财政部推出的《合同能源管理激励资金暂行办法》，对节能减排项目合同和企业给予财政资金的支持。为避免财政资金使用太分散，应进一步强化政府在节能环保领域财政资金投入的重点和方向，尤其要加大对污水、废气、重金属等污染物防治、污染物减排以及农村生态环境保护项目的财政资金投入力度。

三是创新财政投入手段。应结合生态环境保护各领域的不同以及各类财政政策的不同，灵活运用多种形式，最大程度发挥财政资金的使用效率，比如运用财政预算资金设基金、补贴、奖励、贴息和担保等。财政资金补贴应该改变以往主要补贴生产环节的做法，着重补贴消费环节。财政资金应发挥好“四两拨千斤”的引导功能，通过间接补贴方式，引导金融机构和其他社会资金流向节能环保领域。为降低和分散风险，鼓励更多社会资本流向节能环保产业，政府应加大扶持节能环保项目担保行业的发展，除政府设立担保公司，还应设立担保风险补偿基金。

四是建立资金多元化投入机制。积极引导社会各类资金投入节能环保事业，引导社会大众树立环保意识和观念。明确企业环保投资的主体地位。推出优惠政策措施，发挥财政资金引导作用，吸引金融信贷资金和其他社会资金流向环保产业。设立环境保护专项基金，对存在资金缺口的优质环保项目给予支持。借鉴国内外的经验做法，积极推进环保投资 PPP 模式。同时积极培育和壮大一批节能环保企业，使之能在国内国际上有效整合资源，增强节能环保技术创新能力和推广能力。引导金融机构加大对生态环保项目的信贷力度。通过创建政策性投资开发公司、发行绿色金融债券和生态补偿基金彩票等方式，推动低碳经济和循环经济发展。

五是积极发挥税收在生态文明建设“江西样板”打造中的作用。发挥税收在生态资源配置方面的调控作用。积极落实节能减排税收优惠政策，对新能源、再生能源产业给予税收优惠，以提升节能减排、环境基础设施建设、废物循环利用等领域的科技创新。对高耗能高污染型产品的消费和出口，增加税收。发挥税收在产业结构优化升级方面的政策引导作用。发挥好地方税务部门的自主性，对重要出台的税收政策进行解读，并根据我省实际情况，推出配套措施和管理办法，落实好战略性新兴产业和绿色产业发展的税收鼓励政策。发挥好税收在区域经济可持续发展上的推动作用。税收政策应围绕资源高效利用、环境持续改善这条道路，不断推动区域经济的可持续发展。充分发挥好税收的引导作用，优化产业布局，推动园区集聚，探索低碳经济和循环经济的新模式和新途径；充分发挥好税收政策的导向作用，促进新材料、新能源、新医药、新信息和飞机制造产业的开发，大力发展战略性新兴产业和绿色产业。加快构建生态文明建设的绿色税收体系。以生态经济为导向，完善现有的征管体制和措施，将促进绿色经济、低碳经济和循环经济作为税收管理的重要内容，更好地发挥税收在生态文明建设中的职能作用。

三、广泛宣传动员，为打造“江西样板”构筑氛围[①]

为确实做好生态文明建设“江西样板”打造工作，更好引导广大群众参与其中，必须从多角度、多层次、全方位地加强生态文明建设“江西样板”打造宣传动员工作，形成强大的舆论宣传声势，构筑良好氛围。

① 《中共中央　国务院关于加快推进生态文明建设的意见》(2015)。

第一，引导各级政府、社会各界和广大群众深入领会中央和省委省政府关于打造生态文明“江西样板”的相关精神，以武装头脑、指导工作，确实增强积极性和主动性。要使广大群众保持政治上的清晰坚定，在思想、行动上与党中央保持一致，信赖和拥护党中央。要使广大群众对环保事业有新的视野，用新的实践推动环保事业不断发展，努力在全社会推进生态文明建设“江西样板”打造、建设美丽江西的旗帜和号角。

第二，要加强对生态文明建设“江西样板”打造相关精神进行充分解读和深入宣传。加大对生态文明建设“江西样板”的理念、理论的报道宣传，旗帜鲜明地明确立场和观点，凝聚全社会共识。同时，要及时跟踪兄弟省市生态文明建设的实践经验，进一步探索和完善生态文明建设新路径。加大对生态文明建设“江西样板”打造相关工作及成效的新闻报道深度和广度，宣传实践经验，发掘亮点，深入人心，形成一波接一波的高潮。

第三，运用多种宣传渠道和形式，广泛深入地开展生态文明建设“江西样板”打造的宣传活动，大力宣传生态文明建设“江西样板”的内涵和江西样板的重大意义、目标任务、政策措施和进展成效。利用报纸、电视等主流媒体和政府门户网站，宣传工作开展情况和建设成果等；及时报道各地各部门生态文明建设的成效和好经验、好做法，反映社会各界对生态文明建设的意见和呼声。定期发布生态文明建设江西样板实现路径进展成效状况评价信息，印发工作动态信息。通过舆论宣传，不断提高广大干部群众的生态文明意识，引导、调动全社会关心、参与、支持打造生态文明建设江西样板的积极性，形成全民共建的强大合力。

第四，宣传动员工作要深入实际、深入基层，突出维护群众的环境权益和社会和谐稳定。根据中央“走基层、转作风、改文风”要求，要把相关方针政策落到基层实处。深入挖掘一线典型案例，展示基层的鲜活实践，反映群众的切身利益，以突出社会进步和发展变化，推出更有深度、有感染力和影响力的宣传报道。

四、严格督查考核，为打造“江西样板”落实责任[①]

督查考核机制是“指挥棒”和“风向标”，也是打造生态文明江西样板路径实现的有力保障。严格督查考核各部门各地方生态文明建设工作落实情况，不断强化“发展好经济是政绩、保护好生态也是政绩”的导向，绝不让保护生态有功的地方吃亏，也绝不让牺牲环境换取发展的地方讨巧。各级政府要把生态文明建设“江西样板”打造提到突出位置，要用新常态新思路来对照观察、分析判断江西省生态文明建设面临的新形势、新任务和新挑战，准确把握好生态文明建设“江西样板”打造的发展主线、政策红线、绿色底线、建设路线，建立体现生态文明建设“江西样板”打造要求的“四线合一”的领导干部生态考核机制。

（一）把握发展主线，构建绿色考核指标体系

在领导干部培训计划中，要引入生态文明教育，引导领导干部认识到生态文明建设的重要性、急迫性和复杂性，准确把握生态文明建设“江西样板”打造的内容和主线。据此，转变传统唯经济增长的考核理念，建立绿色 GDP 考核体系。突出绿色 GDP 理念，建立以改善生态环境和可持续发展为核心的领导干部考核体系，促使

① 《建立体现生态文明要求的领导干部考核机制》（广西日报．2015.6）。

领导干部谋绿色发展，切实将生态文明建设理念融入社会经济发展过程中去。适当调整领导干部考核内容，将资源环境、生态经济等指标纳入考核，研究出台更加全面的绿色考核指标体系，全面突出生态文明理念。为避免领导干部求一时之功，在考核结论上要突出生态文明工作的“预绩效”。由此，通过绿色考核指标体系，推动领导干部转变传统观念、改变行动，推动领导干部积极主动地投入生态文明建设“江西样板”打造工作中去。

（二）把握政策红线，制定绿色考核细则和标准

在构建绿色考核指标稀土的基础上，结合大气污染防治、水土资源保护、节能减排等相关政策“红线”，制定一套可行的绿色考核细则和评定标准。考虑到不同主体功能区存在巨大的差异性，对限制开发或禁止开发的生态环境保护地区应取消 GDP 考核。在领导干部考核中，考核结果要以排名替代达标，突出生态文明建设工作成效，并定期公布。此外，还应进一步明确考核标准、优化考核办法、完善考核程序、落实考核责任，以体现领导干部考核的制度化、规范化和科学化。

（三）把握绿色底线，构建绿色考核奖罚机制

改革干部评价任用制度，构建与生态文明建设挂钩的考核奖罚机制。建立督察专员制度，强化督查督办机构职责职能。改进和创新督查方式，对生态文明建设工作实行专项督查、全程督查。建立健全人大代表、政协委员、专家学者、新闻媒体等社会各界参与的大督查机制。健全重要工作责任报告制度和通报制度，责任单位和责任人要定期或不定期报告目标任务完成情况。凡向社会公开承诺

的重大工作进展及目标任务完成情况要通过电视、报纸、政府公众信息网等新闻媒体向社会公布。把执行力作为干部考核的重要内容，重点考核领导班子和领导干部在生态文明建设工作中的履职情况。对在生态环境和资源方面造成严重破坏负有责任的干部不得提拔使用或者转任重要职务。同时，将“生态文明干部考评机制建立情况”纳入《江西省生态文明先行示范县（市、区）评选考核指标体系（试行）》，督促和指导各县组织部门加强干部年度考核、选拔重用等方面具有生态文明内容的考核。对在生态文明建设工作中有突出贡献的干部优先选拔重用。省、市、县各级生态文明建设小组办公室根据规划目标任务，制订年度工作计划，将目标任务逐一分解到各部门。各部门细化规划目标任务，制订工作方案，编制并实施年度生态文明建设计划。各部门每年向上一级生态文明建设领导小组报告生态文明建设情况，省生态文明建设领导小组办公室每年对规划实施情况进行考核评估，并将考核结果向省委省政府汇报。加强考核结果的运用，对生态文明建设成绩突出的部门、地方、个人予以表彰奖励，对考核结果未通过部门和地方进行通报并追究责任。

（四）把握建设底线，构建绿色考核协同机制

生态文明建设“江西样板”打造是一个系统的复杂工程，所涉环节众多。建设“路线”要涵盖经济、社会、文化、政治、生态环境等各方面，任何一方面出现问题，都会影响生态文明建设的整体成效。为此，必须构建绿色考核协同机制，让政府、社会、公众共同参与领导干部考核。要综合协调部门，明确考核部门牵头，环境保护部门监督，监察、统计、宣传等各相关部门共同参与，以建立有效的生态文明建设领导绩效考评机制。实行生态环境治理考核新

闻通报制度和定期督查制度，构建多元、立体的社会评价机制。开展民意调查，落实群众在考评过程中的知情权、参与权和监督权，建立公众参与的考核机制，以促进领导干部更加重视生态环境保护。

参考文献

［1］申曙光．生态文明及其理论与现实基础［J］．北京大学学报（哲学社会科学版），1994（3）：31－37＋127．

［2］张建宇．生态文明，文明的整合与超越［N］．人民日报，2007－10－29（004）．

［3］胡锦涛．坚定不移沿着中国特色社会主义道路前进为全面建成小康社会而奋斗—在中国共产党第十八次全国代表大会上的报告［J］．求是，2012（22）：3－25．

［4］束洪福．论生态文明建设的意义与对策［J］．中国特色社会主义研究，2008（4）：54－57．

［5］潘凤钗，姜宝珍．基于体制机制创新视角的区域海洋经济发展对策研究——以温州市为例［J］．浙江农业学报，2013（6）：1429－1434．

［6］张首先．生态文明建设：中国共产党执政理念现代化的逻辑必然［J］．重庆邮电大学学报（社会科学版），2009（4）：18－21．

［7］胡锦涛．坚定不移走中国特色社会主义文化发展道路努力建设社会主义文化强国［J］．求是，2012（1）：3－7．

［8］张绪良，孙秋生，何乃超．青岛市生态文明建设的对策［J］．湖北农业科学，2010（9）：2333－2336．

［9］吴明红，严耕．高校生态文明教育的路径探析［J］．黑龙

江高教研究，2012（12）：64－65.

［10］张欢，成金华．湖北省生态文明评价指标体系与实证评价［J］．南京林业大学学报（人文社会科学版），2013（3）：44－53.

［11］刘子飞，张体伟．农村生态文明建设能力评价方法研究——基于AHP与距离函数模型［J］．农业经济与管理，2013（6）：29－37.

［12］高珊，黄贤金．基于绩效评价的区域生态文明指标体系构建——以江苏省为例［J］．经济地理，2010（5）：823－828.

［13］中国科学院可持续发展战略研究组．2012中国可持续发展战略报告［M］．科学出版社，2012.

［14］北京林业大学生态文明研究中心ECCI课题组．中国省级生态文明建设评价报告［R］．《中国行政管理》，2009（11）：15－20.

［15］杨开忠．谁的生态最文明——中国各省区市生态文明大排名［J］．中国经济周刊，2009（32）：8－12.

［16］严耕．建构生态文明的一种整体思路［A］．北京大学人学研究中心、中国人学学会、海南省委宣传部、三亚市委市政府．生态文明·全球化·人的发展［C］．北京大学人学研究中心、中国人学学会、海南省委宣传部、三亚市委市政府，2009：8.

［17］汪毅霖，蒋北．植入生态文明指标的省际间人类发展比较研究——基于主成分分析和自由发展的视角［J］．山西财经大学学报，2009（10）：45.

［18］蒋小平．河南省生态文明评价指标体系的构建研究［J］．河南农业大学学报，2008（1）：61－64.

［19］高珊，黄贤金．基于PSR框架的1953～2008年中国生态建设成效评价［J］．自然资源学报，2010（2）：341－350.

［20］易杏花，成金华，陈军．生态文明评价指标体系研究综述［J］．统计与决策，2013（18）：32－36.

[21] 严耕. 生态文明评价的现状与发展方向探析 [J]. 中国党政干部论坛, 2013 (1): 14 - 17.

[22] 魏晓双. 中国省域生态文明建设评价研究 [D]. 北京林业大学, 2013.

[23] 杜宇, 刘俊昌. 生态文明建设评价指标体系研究 [J]. 科学管理研究, 2009 (3): 60 - 63.

[24] 刘薇. 北京市生态文明建设评价指标体系研究 [J]. 国土资源科技管理, 2014 (1): 1 - 8.

[25] 张欢, 成金华. 湖北省生态文明评价指标体系与实证评价 [J]. 南京林业大学学报 (人文社会科学版), 2013 (3): 44 - 53.

[26] 张璐. 我国生态文明建设评价研究 [D]. 湖南大学, 2014.

[27] 黄国勤. 生态文明建设的实践与探索 [M]. 中国环境科学出版社, 2009.

[28] 张忠伦. 人类文明的起落及中国生态文明建设探要 [M]. 东北林业大学出版社, 2005.

[29] 林爱广. 中国生态文明建设及路径研究 [D]. 浙江农林大学, 2013.

[30] 金亚楠. 改革开放以来中国特色社会主义生态文明建设研究 [D]. 内蒙古大学, 2014.

[31] 刘爱军. 生态文明视野下的环境立法研究 [D]. 中国海洋大学, 2006.

[32] 中共中央国务院关于加快推进生态文明建设的意见 [J]. 中国环保产业, 2015 (6): 4 - 10.

[33] 魏磊. 英国生态环境保护政策与启示 [J]. 节能与环保, 2008 (12): 15 - 17.

[34] 高世星, 张明娥. 英国环境税收的经验与借鉴 [J]. 涉

外税务，2011（1）：51－55.

［35］刘星光，董晓峰，王冰冰．英国生态城镇规划内容体系与特征分析——以三个典型生态城镇规划为例［J］．城市发展研究，2014，21（6）：33－38.

［36］邹克俭．加强环境保护，促进绿色发展—丹麦瑞典英国加强环境保护和生态建设的考察报告［R］．成都发展改革研究，2014.

［37］汪奎宏，金连山，陈元龙等．美国的生态保护与环境治理［J］．浙江林业，2004（3）：32－35.

［38］葛敬豪，王顺吉，张晓霞．论德国、日本、澳大利亚和美国生态环境保护的特点［J］．长春理工大学学报（社会科学版），2010，23（6）：42－44.

［39］王晓东．生态补偿机制：美国经验及启示［J］．世界农业，2015（1）：48－52.

［40］王爱群．日本环境保护与治理的发展及特点［J］．法制博览，2014，9（中）：310－311.

［41］武志军．韩国环境产业：做全球绿色经济的桥梁［J］．中国品牌，2014（12）：74－76.

［42］刘雅星，郝淑丽．韩国垃圾管理及分类制度对我国的启示［J］．再生资源与循环经济，2015（2）：41－44.

［43］韩秀兰，阚先学．日本的农村发展运动及其对中国的启示［J］．经济师，2011（7）：78－79.

［44］陈昭玖，周波，唐卫东等．韩国新村运动的实践及对我国新农村建设的启示［J］．农业经济问题，2006（2）：72－77.

［45］岳世平．新加坡环境保护的主要经验及其对中国的启示．环境科学与管理，2009，34（2）：41－45.

［46］周琼．云南生态文明建设的历史回顾与经验启示［J］．昆明理工大学学报（社会科学版），2016，16（4）：22－36.

[47] 杨娅．中国生态文明建设中的问题与对策研究—以云南淡水湖泊的治理为例 [J]. 南京林业大学学报（人文社会科学版），2008，8（3）：159－163.

[48] 云南省林业厅．云南省生态文明教育基地创建管理办法 [J]. 云南林业，2013（4）：20－21.

[49] 陶建群，武伟生，马洪波等．建设生态文明的“青海实践”[J]. 人民论坛，2014（36）：70－73.

[50] 罗藏，姚斌．制度支撑和保障青海生态文明建设 [J]. 青海科技，2015（3）：10－12.

[51] 孙春兰．坚持科学发展，建设生态文明—福建生态省建设的探索与实践 [J]. 求是，2012（18）：17－19.

[52] 沈满洪．生态文明制度建设的“浙江样本” [M]. 浙江日报，2013－07－19（014）.

[53] 温珍梁，李琳．建设富裕和谐秀美江西——江西生态文明建设的实践与路径选择 [J]. 资源节约与环保，2013，30（9）：112－115.

[54] 李霏．以制度保障江西生态文明先行示范区建设 [J]. 理论探讨，2016，32（2）：67－70.

[55] 韩露．基于总量控制的军塘湖河流域农业水资源优化配置研究 [D]. 新疆农业大学，2015.

[56] 闫艳．镇江“生态云”平台上线 [N]. 中国环境报，2016－01－18（008）.

[57]《不动产登记条例》准备上报国土部：支持依法以人查房 [J]. 资源导刊，2014（7）：52.

[58] 中共中央国务院关于加快推进生态文明建设的意见 [N]. 河北日报，2015－5－6（6）.

[59] 余谋昌．古典道家的生态文化思想 [J]. 烟台大学学报

（哲学社会科学版），2006（4）：361－370.

［60］曾繁仁．试论《诗经》中所蕴涵的古典生态存在论审美意识［J］．陕西师范大学学报（哲学社会科学版），2006（6）：51－60.

［61］蔺运珍．马克思恩格斯的生态文化思想及其时代意蕴［J］．中共郑州市委党校学报，2010（1）：5－10.

［62］宋周尧．论马克思恩格斯生态文化思想的基本内涵［J］．岭南学刊，2006（3）：18－22.

［63］贾治邦．生态文明是人类社会发展的必然选择［J］．中国林业产业，2013，（Z3）：3＋5＋7.

［64］蔡登谷．生态文化体系建设的内容［J］．中国林业，2007（14）：5.

［65］周霄羽，孙云飞．对生态文化体系建设的几点认识与思考［J］．国家林业局管理干部学院学报，2007（3）：13－16.

［66］胡今．我国生态文化建设中的问题及解决对策［J］．党政干部学刊，2011（12）：62－64.

［67］胡今．我国生态文化建设中的问题及解决对策［J］．党政干部学刊，2011（12）：23－26.

［68］赵宗彪．论生态文化与建设［J］．新乡教育学院学报，2006（4）：26－28.

［69］陈幼君．生态文化的内涵与构建［J］．求索，2007（9）：88－89＋20.

［70］丁宁宁，彭坤．生态文化建设的思考［J］．科技与管理，2007（6）：11－12＋16.

［71］http：//www. gov. cn/zwgk/2013－12/13/content_2547260. htm.

［72］http：//www. gzstwmjsw. com/.

[73] http://www.jsw.com.cn, 2016.

[74] http://difang.kaiwind.com/jiangxi/jxls/201510/26/t20151026_2998402.shtml.

[75] http://www.jthbj.gov.cn/List.asp?C-1-3469.html.

[76] http://dz.jjckb.cn/www/pages/webpage2009/html/2016-11/22/content_25701.htm. 2016.11.

后　　记

本书是江西省经济社会发展重大招标项目的研究成果，由邹晓明、郑鹏、赵玉、熊国保、徐鸿、朱青等编写组成员共同完成。编写组历时2年先后在江西抚州、武宁、共青城、东乡、宜春、浙江湖州、深圳、贵州等省份开展了问卷调查和个案分析，并深度访谈了江西省政府研究室、江西省发改委、江西省环保厅、江西省农业厅、江西省科技厅、江西省生态文明办、江西省鄱湖办等机构的领导和专家，获得了大量的一手资料，还与江西省发展改革研究院、江西省社科院、江西省社联、南昌大学、江西财经大学等研究机构和高校的专家学者开展了广泛而深入的交流，这为本项目的完成和本书的出版提供了坚实的基础。

本书的部分内容以研究报告形式获得省级领导肯定性批示和各级政府部门的采纳和借鉴，获得良好的社会效益。

本书付梓之际，特别要感谢为本书的顺利开展提供调研便利和课题交流的各位领导和各位专家，尤其是江西省发展改革研究院院长周国兰研究员、江西省社会科学界联合会吴永明主席、江西省科技厅卢福才副厅长、江西省审计厅党组成员徐鸿教授、南昌大学黄新建教授、东华理工大学党委书记徐跃进教授、校长柳和生教授、副校长孙占学教授等。还要特别要感谢参与课题研究的东华理工大学的熊国保院长、朱青副处长、郑鹏博士、赵玉博士、周明博士、张丽颖博士、李争博士、高明博士、丁宝根老师、邹静老师、马杰博士、周永祥老师、顾艳艳老师等，他们全程参与了课题研究，实地调研、书稿撰写与修改，付出了艰辛的努力。还要感谢东华理工大学地质资源经济与管理研究中心、东华理工大学资源与环境经济研究中心、资源与环境战略江西省软科学研究培育基地、江西省“工商管理”省级重点学科以及江西高校哲学社会科学高水平创新团队的联合资助，感谢东华理工大学经管学院同仁们和相关部门的鼎力支持。

另外，在本书的撰写过程中，研究团队参阅和吸纳了中央和地方政府公文，借鉴和引用了部分学者的论文、著作等研究成果，吸取了许多有价值的观点和意见，但有些在参考文献中并未一一列出，在此也一并表示诚挚的感谢！

邹晓明

2016 年 12 月